数学与人文·第三十三辑
Mathematics & Humanities

数学历史

SHUXUE LISHI

主　编　丘成桐　杨　乐
副主编　王善平

中国教育出版传媒集团
高等教育出版社·北京
International Press

内 容 简 介

《数学与人文》丛书第三十三辑将继续着力贯彻“让数学成为国人文化的一部分”的宗旨，展示数学丰富多彩的方面。

本辑的主题是数学历史，收录了当代最杰出的数学家对各自所从事的学科领域的回顾和展望。文章包括丘成桐先生总结从古希腊到 20 世纪末数学发展的“数学史大纲”，“第十届清华三亚国际数学论坛——首届当代数学史大师讲座”上几篇精彩的报告，20 世纪最伟大的数学家陈省身先生和 André Weil 教授关于数学史的演讲。本辑还登载了有关趣味数学和数学诗文的文章和若干词作。

我们期望本丛书能受到广大学生、教师和学者的关注和欢迎，期待读者对办好本丛书提出建议，更希望丛书能成为大家的良师益友。

丛书编委会

《数学与人文》丛书序言

丘成桐

《数学与人文》是一套国际化的数学普及丛书，我们将邀请当代第一流的中外科学家谈他们的研究经历和成功经验。活跃在研究前沿的数学家们将会用轻松的文笔，通俗地介绍数学各领域激动人心的最新进展、某个数学专题精彩曲折的发展历史以及数学在现代科学技术中的广泛应用。

数学是一门很有意义、很美丽、同时也很重要的科学。从实用来讲，数学遍及物理、工程、生物、化学和经济，甚至与社会科学有很密切的关系，数学为这些学科的发展提供了必不可少的工具；同时数学对于解释自然界的纷繁现象也具有基本的重要性；可是数学也兼具诗歌与散文的内在气质，所以数学是一门很特殊的学科。它既有文学性的方面，也有应用性的方面，也可以对于认识大自然做出贡献，我本人对这几方面都很感兴趣，探讨它们之间妙趣横生的关系，让我真正享受到了研究数学的乐趣。

我想不只数学家能够体会到这种美，作为一种基础理论，物理学家和工程师也可以体会到数学的美。用一种很简单的语言解释很繁复、很自然的现象，这是数学享有“科学皇后”地位的重要原因之一。我们在中学念过最简单的平面几何，由几个简单的公理能够推出很复杂的定理，同时每一步的推理又是完全没有错误的，这是一个很美妙的现象。进一步，我们可以用现代微积分甚至更高深的数学方法来描述大自然里面的所有现象。比如，面部表情或者衣服飘动等现象，我们可以用数学来描述；还有密码的问题、计算机的各种各样的问题都可以用数学来解释。以简驭繁，这是一种很美好的感觉，就好像我们能够从朴素的外在表现，得到美的感受。这是与文化艺术共通的语言，不单是数学才有的。一幅张大千或者齐白石的国画，寥寥几笔，栩栩如生的美景便跃然纸上。

很明显，我们国家领导人早已欣赏到数学的美和数学的重要性，在 2000 年，江泽民先生在澳门濠江中学提出一个几何命题：五角星的五角套上五个环后，环环相交的五个点必定共圆。此命题意义深远，海内外的数学家都极为欣赏这个高雅的几何命题，经过媒体的传播后，大大地激励了国人对数学的热情。我希望这套丛书也能够达到同样的效果，让数学成为我们国人文化的一部分，让我们的年轻人在中学念书时就懂得欣赏大自然的真和美。

前言

王善平

本辑的主题是数学历史。跟传统的数学史论著的一大区别是，这里主要由几位当代最杰出的数学家讲述有关他们所从事的学科领域的历史发展和现状。

在专稿“数学史大纲”中，丘成桐先生将从古希腊到 20 世纪末的数学发展的重要里程碑分成八十个不同方向，并逐个做了简要的讲解。

2019 年 12 月 16 日在三亚开幕的“第十届清华三亚国际数学论坛”，发起了一个全新的系列讲座 —— 当代数学史大师讲座。该讲座的目的是识别和理解 20 世纪最伟大的数学家的理论和成果以及他们对数学学科发展所产生的影响，以期增进国内学者对数学的理解和认知，对数学学科的未来发展做出积极的贡献。担任首届当代数学史大师讲座主讲人的是，菲尔兹奖获得者、英国帝国理工学院的 Martin Hairer 教授，美国艺术与科学院院士、哈佛大学的 Wilfried Schmid 教授，以及英国皇家学会会员、剑桥大学的 John Coates 教授。本辑登载了 Martin Hairer 教授的两个演讲“几何随机偏微分方程”和“从原子到森林大火”，Wilfried Schmid 教授的演讲“Lie 理论：从 Lie 到 Borel 和 Weil”，以及 John Coates 教授的演讲“算术几何精确公式的历史简述”，还登载了英国帝国理工学院李雪梅教授所做的报告“尺度与噪声”。

陈省身先生（1911—2004）是“整体微分几何之父”，他的工作对现代数学的多个分支产生了深远的影响，甚至影响到数学以外的理论物理和分子生物学领域。本辑登载了陈先生 1978 年在美国加州大学伯克利分校所做的通俗报告“从三角形到流形”，其中深入浅出地回顾了整体微分几何学的发展，阐述了运用拓扑学工具，如何推进偏微分方程、大范围分析学、理论物理中统一场论和分子生物学中 DNA 理论的发展。

André Weil（1906—1998）是 20 世纪最伟大的数学家之一，在数论、代数几何、微分几何和连续群等重要的现代数学领域做出了广泛的贡献。他也是为数极少的对数学史做过系统、深入的研究并甚有心得的大数学家。本辑收录了 Weil 在 1978 年赫尔辛基国际数学家大会上所做的大会报告“数学史：为什么，怎么看”。该文由席南华院士翻译成中文。

拉斐尔·邦贝利（Rafael Bombelli，1526—1572）是 16 世纪意大利数学

家。他所撰写的 5 卷本《代数学》(*L' Algebra*)，是一部影响深远的文艺复兴时期的数学名著，德国哲学家和数学家莱布尼茨曾深入学习此书。本辑登载了邦贝利为《代数学》的读者写的前言，其中反映了当时数学家对代数这门学科的认知以及对其发展历史的了解。

“趣味数学”栏目收录了美国数学家、魔术师和杂耍专家 Ron Graham (1935—2020) 所写的文章“杂耍数学与魔术”，其中揭示了扑克洗牌和抛球杂耍中令人惊奇的数学规律。在文末，他指出：“我讲了在魔术和杂耍领域中出现的许多数学问题中的两个例子……我相信数学是无处不在的；我们所必须去做的，就是寻找它。”

“数学诗文”栏目登载了丘成桐先生、严加安院士、李方教授、肖杰教授和欧阳维诚先生所作的诗词；以及台湾文藻外语大学通识教育中心教授李雪甄的文章，该文指出：“数学诗文让人们看到数学可以有人文面向，有着人文的关怀”；“期待数学诗文启发人们另一种做数学的方式”；“可以透过数学诗文去证明存在一个‘理有所依、情有所达、心有所归’的人文数学世界，进而发现：数学，如诗般荡漾美丽!”

目录

数学诗文

专稿

数学史大纲

丘成桐

丘成桐, 北京雁栖湖应用数学研究院院长, 哈佛大学教授, 清华大学教授, 美国科学院院士, 中国科学院外籍院士; 菲尔兹奖、克拉福德奖、沃尔夫奖、马塞尔·格罗斯曼奖得主.

引言

五十一年前我离开香港到加州大学柏克利分校跟随陈省身先生学习, 在柏克利见到一大批有学问的学者, 眼界大开, 就如青蛙从井中出来见到阳光和大地一样, 很快就发觉我从前在香港学习到的学问极不全面, 虽然香港有某些学者自称是世界十大学者之一, 事实上知识浅薄. 当时香港学者能够教导学生的内容也只是数学的很小部分, 因此我花了很多的时间, 每天早上八点钟到下午五点钟不停地听课, 从基础数学到应用数学、到物理学、到工程科学我都想办法去涉猎, 我在图书馆阅读了很多刊物和书籍. 当我看到伟大数学家的著作, 尤其是看到 Euler 的工作时, 我吓了一跳! 一个数学家能够有这么伟大而又丰富的工作, 真是高山仰止, 景行行止. 中国两千年来的数学加起来恐怕都比不上 Euler 一辈子的工作. 我看到的就如庄子说的河伯见到北海若的光景. 这使我胸怀大开, 兴奋异常. 我在图书馆的期刊中找到一篇很有意思的文章, 花了一个圣诞节假期的时间, 完成了我的第一篇数学论文. 这篇论文算不得很杰出, 但是发表在当时最好的数学期刊上, 五十年后读这篇文章, 还是觉得有点意思.

我在 1979 年受到华罗庚教授的邀请到中国科学院访问, 当时 “文革” 刚结束, 中国学术界正处于青黄不接的时候. 经过 “文革” 这一时期, 很多学者已经泄了气, 而年轻的学者觉得前途渺茫, 国内经济困难, 唯一的出路是出国. 由于蔽塞已久, 对于当代数学的发展并不清楚. 一般学生只听说过华罗庚、陈省身、陈景润、杨乐和张广厚的工作, 数学家则知道得多一些, 但是和当时国际水平相差甚远. 在 1996 年, 中国科学院的路院长邀请我帮忙成立了晨兴数学中心,主要目标是引进当代最重要的数学学者到中心来讲学, 聚集了中国各地的年轻学者一起学习, 这些学者很多成为今天中国数学界的领导与骨干.

在 20 世纪 80 年代和 90 年代, 中国的大学生大量出国, 接触到最前沿的数学发展. 有不少留学生回国后, 也确实大大提高了中国的数学水平. 但是即使如此, 我们还是没有看到深刻而有创意的数学工作, 我是说陈省身先生那样的足以流芳百世的工作! 经过深思熟虑之后, 我认为中国的数学发展依旧没有脱离传统的急功近利的做法, 一般学者没有宏观的数学思想, 不知道数学有一个多姿多彩的历史, 只看到数学的一部分. 所以我希望通过描述数学历史来打开我们数学学者的胸怀, 做出传世的工作.

我将我所知道的数学重要里程碑约略分成八十个不同方向, 分别在几个大学做过演讲, 基本上只包括西方文艺复兴以后的工作, 这些工作使我叹为观止. 想起某些中国学者的说法: "西方用了四百年完成的科学成就, 现代中国人只用了几十年!" 真使人啼笑皆非. 中国数学家要走的路还是 "既阻且长", 恐怕我们需要做到如屈原说的 "路漫漫其修远兮, 吾将上下而求索!"

我希望中国的官员愿意花时间了解这些古代学者的伟大成就, 知道中国数学学者的能力其实不逮他们远甚, 数学知识还是相当贫乏, 尤其是年纪比较大的中国数学家, 他们的知识还不足够来评估近代数学的成就, 特别是对近代数学有成就的年轻人的数学并不见得了解. 官方给予学者 "帽子", 本来是好意, 但是由于评估不再以学问为主要标准, 结果却是揠苗助长.

韩愈说: "将蕲至于古之立言者, 则无望其速成. 无诱于势利, 养其根而俟其实, 加其膏而希其光. " 让我们将数学的根养好吧!

在讨论历史上数学重要里程碑之前, 我想指出, 中国学者创意不足的一个原因是中国学生习惯于考试, 喜欢做别人给予的题目, 而不喜欢问自己觉得有意义的问题. 其实问一个好问题, 有时比解决问题更重要! Riemann 猜想和 Weil 猜想就是一个重要例子.

战国时, 屈原写了一篇文章叫《天问》, 大家都很惊讶, 因为中国学者对于问问题兴趣不大. 希腊数学家问的几个问题影响数学两千年, 平行公理就是其中一个重要的问题.

四十年前, 我在普林斯顿高等研究院组织并且主持了一个几何分析年, 全球不少重要的几何学家、分析学家和有关的理论物理学家在普林斯顿这个优美的地方朝夕讨论, 互相交流, 总结了几何分析学家十年来的研究结果和经验, 在该年年底, 我花了两周时间, 向大家提出了一百二十个几何上比较重要的问题.

这个几何年结束以后, 我将当年讨论班的研究成果和这些问题编辑起来, 1982 年在普林斯顿大学出版社出版, 书名为 *Seminar in Differential Geometry*. 这些问题影响了四十年来微分几何的走向, 大概三分之一的问题已经得到解决, 大部分的答案都是正面的.

我在 1980 年北京双微会议讨论过这些问题, 希望引起国内几何学家的注意, 确有不少年轻的学者开始注意几何分析, 比较国外的发展, 毕竟还是比较缓慢, 不过四十年的努力, 到了今天, 也可以说是成果蔚然!

但是纵观今日中国几何学家的成就, 和当年与我携手的伙伴们如 R. Schoen, L. Simon, K. Uhlenbeck, R. Hamilton 等人相比, 原创性终究还是有一段距离.

除了这个问题集以外, 我后来在不同场合提出新的问题, 例如在 1980 年 UCLA 微分几何大会的一百个问题, 影响还是不小. 这几十年来, 我希望中国学者能够自己找寻数学的主要方向, 提出数学中重要的问题, 但是中国学者的走向, 始终以解题为主, 没有脱离高考或是奥数的形式! 我猜想其中原因是中国学者的宏观思考不足, 对于数学的渊源不够清楚是一个重要的缺陷.

中国数学学者对于数学历史大都阙如, 数学历史学家的重点在于考古, 研究的是中国古代数学的断纸残章, 对于古代文献的处理, 不如一般历史学家考证严谨, 对于世界数学发展的潮流并不清楚, 往往夸大了中国古代数学的贡献, 有如当年义和拳认为中国武术胜过西方的坚船利炮, 在这种自欺欺人的背景下, 一般学者不知道世界数学的历史背景, 结果是宏观意识不够, 开创性的思想不足! 所以我今年发起心愿, 希望大家努力了解世界数学历史, 尤其是 18 世纪以后的数学发展, 这些大数学家的思想影响至今. 以下我选择了少数几点来讨论:

下文只论及 2000 年以前的进展.

1. 在芸芸古希腊学者中, Thales [约公元前 624/623 — 前 546/545] 是首个系统地探究数学的人. 由 Pythagoras [约公元前 570 — 前 495] 奠定的 Pythagoras 学派发现了 Pythagoras 定理, 这是几何学的根本. 同时, 利用反证法, 他们也证明了无理数的存在.

2. Theaetetus [约公元前 417 — 前 369] 或 Plato [约公元前 428/427 — 前 348/347] 证明了只有五种正则多面体. Euclid [约公元前 330 — 前 275] 廓清了何谓数学上的 "证明". 他利用五条公理, 把当时知道的几何定理严格地推导出来, 而这五条公理却是自明的. 这种公理化的处理手法对后世科学的发展影响深远, 受影响的包括 Newton 的力学体系和现代物理学中统一场论中的种种尝试. Euclid 也证明了素数是无限的. 古希腊数学家对于 Euclid 的第五条平行公理, 始终不认为是显而易见的, 希望由其他四条公理来证明它. 这个想法影响了数学的发展, 它等价于平面三角形的内角和等于 180 度, 这个命题是 Gauss-Bonnet 公式的雏形. 平行的观念成为数学中最基本的观念, 影响了近代物理. 古希腊人提出了两个尺规作图问题: 三等分角和化圆为方, 分别与 Galois 群和圆周率的超越性有关.

3. Archimedes [约公元前 287—前 212] 引进了极小元, 它可说是微积分的滥觞. 他运用 "穷尽法" 来计算某些重要几何体的表面积和体积, 其中包括球的表面积和体积, 以及抛物体的截面积. 他也得到很多重要物理问题的精确数学解. Archimedes 又用内接和外切正 96 边形去逼近单位圆, 证明了不等式 $\frac{223}{71} <$ 圆周率 $< \frac{22}{7}$. 几百年后, 刘徽 [约 225—295] 和祖冲之 [429—500] 以 192 边形逼近得到圆周率为 3.1416.

4. Eratosthenes [公元前 276—前 194] 在数论中引进了筛法. 差不多过了两千年, Legendre 重新用到它. 到了 20 世纪, 大筛法在 Viggo Brun [1885—1978]、Atle Selberg [1917—2007]、Paul Turán [1910—1976] 等人的努力下发展成熟. G. H. Hardy [1877—1947] 和 J. E. Littlewood [1885—1977] 利用 "圆法" 证明了 Goldbach 猜想的一个较弱的版本, 即在 Riemann 假设之下, 任何一个足够大的奇数可以表示为三个素数之和. Ivan Vinogradov [1891—1983] 稍后去掉了这个假设. 接着陈景润 [1933—1996] 证明了, 任何一个足够大的偶数, 都可以写成一个素数和另一个数之和, 而后者是两个素数 (其中一个可以是 1) 之积.

5. 到了 8 世纪, 阿拉伯数学家 Al-Khalil [718—786] 有了编码理论的著作, 而 Al-Kindi [约 801—873] 则把统计学用到密码分析和频率分析上去. 到了 17 世纪, Pierre de Fermat [1607—1665]、Blaise Pascal [1623—1662] 和 Christiaan Huygens [1629—1695] 共同创立了概率论, 这门学科被 Jacob Bernoulli [1654—1705] 和 Abraham de Moivre [1667—1754] 进一步发展. 18 世纪, Pierre-Simon Laplace [1749—1827] 指出误差的频率是误差平方的指数函数. 到了 19 世纪, Andrey Markov [1856—1922] 引进了随机过程中的 Markov 链.

6. 多个世纪以来, 人们在数值计算方面找到了几个重要的方法. 宋代数学家秦九韶 [约 1202—1261] 找到了一个求解多项式方程的有效方法. 他也把孙子定理应用到数值计算上, 孙子定理首见于 4 世纪的《孙子算经》一书中. 到了现代, John von Neumann [1903—1957] 和 Courant-Friedrichs-Lewy [1928] 研究了有限差分法. Richard Courant [1888—1972] 研究了有限元, 而 Stanley Osher [1942—] 则发展了水平集方法. 一个重要的数值方法是快速 Fourier 变换, 此法可追溯到 1805 年的 Gauss. 1965 年, J. Cooley [1926—2016] 和 J. Tukey [1915—2000] 考虑了更一般的情况, 并做出详尽的分析. 从此, 快速 Fourier 变换成为数值计算尤其是数字讯息处理中最重要的方法.

7. 16 世纪, Gerolamo Cardano [1501—1576] 发表三次方程和四次方程根的公式, 并指出它们分别归功于 Scipione del Ferro [1465—1526] 和 Ludovico Ferrari [1522—1565]. 他提倡使用负数和虚数, 并且证明了二项式定理. 19 世纪初, Gauss 证明了代数基本定理, 即任何 n 阶的多项式在复平面上具有 n 个复根.

8. 17 世纪, René Descartes [1596—1650] 发明了解析几何学, 利用 Descartes 坐标系作为沟通几何和代数的桥梁. 这个重要的概念扩大了几何的堂庑. 他也是符号逻辑的先驱.

9. Pierre de Fermat [1607—1665] 找到了变分原理的雏形, 从而推广了古希腊 Alexandria 的工作. 他和 Blaise Pascal [1623—1662] 一起奠定了概率论的基础. 他也是现代数论的开山祖师.

10. 17 世纪, Isaac Newton [1643—1727] 在寻找力学的基本定律时, 系统地建立了微积分. 他写下了万有引力的公式, 又利用刚刚发明的微积分来推导出 Kepler 的行星运动三定律. 此外, 他也找到了以二阶收敛的方程的求根法.

11. Leonhard Euler [1707—1783] 是变分法、图论和数论的奠基人. 他引入了 Euler 示性类, 又开启了椭圆函数、zeta 函数及其函数方程的研究. 他也是现代流体力学、解析力学的创始者. 他有关复数的表示式 $\exp(\mathrm{i}x) = \cos x + \mathrm{i}\sin x$ 对后世尤其是 Fourier 分析有很大的影响.

12. 19 世纪初, Joseph Fourier [1768—1830] 引进了 Fourier 级数和 Fourier 变换, 两者都是求解线性微分方程的主要工具. Fourier 级数中一个基本问题是 Lusin 猜想, 直至 20 世纪 60 年代它才由 Lennart Carleson [1928—] 解决. 猜想断言每个平方可积函数的 Fourier 级数几乎处处收敛. Fourier 的原创思想对波动和量子力学都有深远的影响.

13. 到了现代, 佐藤干夫 [1928—] 引入了超函数, Lars Hörmander [1931—2012] 研究了 Fourier 积分算子, 柏原正树 [1947—] 和 Joseph Bernstein [1945—] 研究了 D-模. D-模理论在分析、代数和群表示论中都有重要的应用.

14. 19 世纪初, Carl Friedrich Gauss [1777—1855] 证明了代数基本定理, 发现了素数定理和二次互反律, 他是现代数论之父. 他也研究了曲面的几何, 发现了 Gauss 曲率是内蕴的. Gauss、Nikolai Ivanovich Lobachevsky [1792—1856] 和 János Bolyai [1802—1860] 分别独立地发明了非欧几何学.

15. Augustin-Louis Cauchy [1789—1857] 和 Bernhard Riemann [1826—1866] 开拓了单复变函数论的研究, 后继的研究者包括 Karl Weierstrass [1815—1897]、Émile Picard [1856—1941]、Émile Borel [1871—1956]、Rolf Nevanlinna [1895—1980]、Lars Ahlfors [1907—1996]、Menahem Max Schiffer

[1911 — 1997] 等人. 在同一区域上的有界全纯函数形成一个 Banach 代数, 其抽象边界需要等同起来. Lennart Carleson 解决了平面圆盘上的日冕问题. 这个问题在高维仍未解决. Louis de Branges [1932 —] 解决了有关单值全纯函数系数的 Bieberbach 猜想.

16. Hermann Grassmann [1809 — 1877]、Henri Poincaré [1854 — 1912]、Élie Cartan [1869—1951] 和 Georges de Rham [1903—1990] 研究了微分形式. Hermann Weyl [1885 — 1955] 定义了流形, 并且利用投影法证明了 Riemann 曲面上的 Hodge 分解. Georges de Rham 证明了 Rham 定理. William Hodge [1903 — 1975] 把 Weyl 的理论推广到高维流形上去. 他引进了星算子. 当流形是 Kähler 的时, 他对流形上面的微分形式作了更精细的分解. 他也把 Lefschetz 的拓扑定理表达成在 Hodge 形式所组成的空间上的一个 SL(2) 表示. 利用 Daniel Quillen [1940 — 2011] 和陈国才 [1923 — 1987] 关于迭代积分的工作, Dennis Sullivan [1941 —] 看到 Rham 复形包含着流形有理同伦的信息. Sullivan 和 Micheline Vigue-Poirrier 利用了 Detlef Gromoll [1938 — 2008] 和 Wolfgang Meyer [1936 —] 的工作, 证明了当一个单连通流形的有理上同调环并非由一个单元生成时, 它上面存在着无限条不同的测地线.

17. Niels Henrik Abel [1802 — 1829] 利用置换群证明了当多项式方程的次数大于 4 时, 一般的求根公式并不存在. 之后, Évariste Galois [1811 — 1832] 发明了群论, 给出了一个多项式方程是否可根式求解的判定准则. Sophus Lie [1842 — 1899] 研究了对称性, 并引入了对称变换的连续群, 后世称为 Lie 群. Wilhelm Killing [1847 — 1923] 继续 Lie 群和 Lie 代数的研究. Galois 理论在数论中有深远的影响. Emil Artin [1898 — 1962] 和 John Tate [1925 — 2019] 研究了 Galois 模的一般理论, 比如用 Galois 上同调建立类域论. 岩泽健吉 [1917 — 1998] 研究了 Galois 群为 p 进 Lie 群时 Galois 模的结构, 并定义了算术的 p 进 L-函数. 他提出了这个算术的 p 进 L-函数与久保田富雄 [1930 — 2020] 和 Heinrich-Wolfgang Leopoldt [1927 — 2011] 利用在 Bernoulli 数上插值所定义的 p 进 L-函数是否本质相同这个问题. Ken Ribet [1948 —]、John Coates [1945 — 2022]、Barry Mazur [1937 —] 和 Andrew Wiles [1953 —] 等人对岩泽理论做出了重大贡献.

18. 1843 年, William Hamilton [1805 — 1865] 引入了四元数, 四元数对数学和物理都有深远的影响, 后者见于 Paul Dirac [1902 — 1984] 有关 Dirac 算子的工作. 同时, Arthur Cayley [1821 — 1895] 和 John T. Graves [1806 — 1870] 独立地引入了八元数. 1958 年, M. Kervaire [1927 — 2007] 和 J. Milnor [1931 —] 独立地利用 Bott 的周期性定理和 K-理论证明了实数域上有限维可除代数的维数只能是 1, 2, 4 和 8.

19. Diophantine 逼近论研究的是如何用有理数逼近无理数. 1844

年, Joseph Liouville [1809—1882] 首次找出了具体的超越数. Axel Thue [1863—1922]、Carl Siegel [1896—1981] 和 Klaus Roth [1925—2015] 由此发展出一个求解不定方程的重要领域. Hermann Minkowski [1864—1909] 利用凸几何来求解. 后继者包括 Louis Mordell [1888—1972]、Harold Davenport [1907—1969]、Carl Siegel [1896—1981]、Wolfgang Schmidt [1933—] 等人.

20. Bernhard Riemann [1826—1866] 引进了 Riemann 曲面, 并开创了高维流形拓扑的研究. 他对复分析上的单值化定理首先给出一个差不多严格的证明. Poincaré 和 Koebe 把他的理论推广至一般的 Riemann 曲面. Riemann 推广了 Jacobi theta 函数并引进了定义在 abelian 簇上的 Riemann theta 函数. 通过对 Riemann theta 函数零点的研究, 给出了 Jacobi 反演问题的重要解释. 他又定义了 Riemann zeta 函数, 并研究其解析延拓. 沿着 zeta 函数的想法, P. G. L. Dirichlet [1805—1859] 引进了 L-函数作为推广, 并用来证明了重要的数论定理. Riemann zeta 函数被 Jacques Hadamard [1865—1963] 和 C. J. de la Vallée Poussin [1866—1962] 用来证明 Gauss 的素数定理 (初等证明后来由 Paul Erdős [1913—1996] 和 Atle Selberg [1917—2007] 给出). 算子谱的 zeta 函数也用来定义算子的不变量. Ray 和 Singer 利用这种正则化引进了流形上的不变量.

21. 19 世纪, Riemann 引进的 Riemann 几何学, 其后被 Elwin Christoffel [1829—1900]、Gregorio Ricci [1853—1925]、Tullio Levi-Civita [1873—1941] 等人所发展. Hermann Minkowski [1864—1909] 首先利用四维时空完整地从几何的角度阐明狭义相对论. 所有这些工作为 Einstein 的广义相对论提供了关键的数学工具. 广义相对论把引力看成时空几何中的某种作用. Marcel Grossmann [1878—1936] 和 David Hilbert [1862—1943] 对此皆有重大贡献.

22. Riemann 开始了冲击波的研究, 后继者包括 John von Neumann、Kurt Otto Friedrichs [1901—1982]、Peter Lax [1926—]、James Glimm [1934—]、Andrew Majda [1949—2021] 等人. 目前我们对高维冲击波所知甚少.

23. 19 世纪, Georg Cantor [1845—1918] 创立了集合论. 他定义了基数和序数, 并且开始了对无限的研究. 1931 年, Kurt Gödel [1906—1978] 证明了不完备定理. Alfred Tarski [1901—1983] 发展了模型论. Paul Cohen [1934—2007] 发展了迫力理论, 并且证明了在集合论中的 Zermelo-Fraenkel 公理下, 连续统假设和选择公理是独立的.

24. Felix Klein [1849—1925] 开创了 Klein 群的研究, 他在 Erlangen 纲领中提出利用几何的对称群来为几何学分类. 崭新的几何如仿射几何、射影几何和共形几何都可以用这种观点来研究. Emmy Noether [1882—1935] 阐明了如何从物理系统的连续对称群来得到守恒量. 1926 年, Élie Cartan 在几何中引进了和乐群. 和乐群为正交群的真子群的 Riemann 几何尤其特殊. 1953 年, Marcel Berger [1927—2016] 根据 Ambrose 和 Singer 的工作, 把能作为 Riemann 几何和乐群的 Lie 群都分了类. 当群是酉群时, 所得到的便是 1933 年由 Erich Kähler [1906—2000] 引进的 Kähler 几何. 当它是特殊酉群时, 所得到的便是 Calabi-丘几何. 当它是其他例外 Lie 群时, 所得到的流形有好些由 Dominic Joyce [1968—] 构造出来. 和乐群的概念为现代物理提供了内部对称.

25. 1873 年, Charles Hermite [1822—1901] 最先证明了自然对数的底数 e 的超越性, 他的方法后来被 Ferdinand von Lindemann [1852—1939] 稍作修改后用来证明了圆周率的超越性. 他的定理稍后由 Karl Weierstrass [1815—1897] 所推广. 在 1934 年和 1935 年之间, Alexander Gelfond [1906—1968] 和 Theodor Schneider [1911—1988] 解决了 Hilbert 第七问题, 因此推广了 Lindemann-Weierstrass 定理. 1966 年, Alan Baker [1939—2018] 给出了 Gelfond-Schneider 定理的有效估计. 20 世纪 60 年代, Stephen Schanuel [1933—2014] 提出了一个更广泛的猜想, 其后 Alexander Grothendieck [1928—2014] 又把 Schanuel 猜想推广, 成为代数几何学上有关积分周期的某些猜想.

26. Henri Poincaré [1854—1912]、Emmy Noether、James Alexander [1888—1971]、Heinz Hopf [1894—1971]、Hassler Whitney [1907—1989]、Eduard Čech [1893—1960] 等人为代数拓扑学奠下了基石. 他们引进了如链复形、Čech 上同调、同调、上同调和同伦群等重要概念. 一个非常重要的概念是 Poincaré 提出的对偶性.

27. David Hilbert [1862—1943] 研究了积分方程, 并引进了 Hilbert 空间. 他又探究在 Hilbert 空间上自共轭算子的谱分解. Hilbert 空间上算子形成的代数是了解量子力学的基本工具. 它们先由 John von Neumann、继而由 Alain Connes [1947—] 和 Vaughan Jones [1952—2020] 等人研究.

28. Hilbert 打下了一般不变量理论的基础, 后继者有 David Mumford [1937—] 等人. 它成了探求各种代数结构模空间的重要工具. 如把退化的代数结构也算进去, 在很多情况下, 代数几何结构的模空间也是代数簇. 周炜良 [1911—1995] 利用周氏坐标, 把固定次数的代数簇在投影空间中参数化. Deligne-Mumford 把代数曲线的模空间紧化, 而 David Gieseker [1943—] 和 Eckart Viehweg [1948—2010] 则把一般型流形的模空间紧化了. David Gieseker 和丸山正树 [1944—2009] 研究了向量丛的模空间. 对 abelian 簇的模空间而言, Siegel 空间的商的紧化是经典的结果, 这是基于 H. Minkowski 的归结理论. 对具有有限体积的局部对称空间而言, Armand Borel [1923—2003]、Walter Bailey [1930—2013]、佐武一郎 [1927—2014]、Jean-Pierre

Serre [1926—] 等人做出了不同的紧化. 另一方面, 一个非常重要的解析方法是 Oswald Teichmüller [1913—1943] 利用拟共形映射, 给出 Riemann 面的模空间. L. Ahlfors [1907—1996]、L. Bers [1914—1993]、H. Royden [1928—1993] 等人是这种做法的后继者.

29. 基于 Gauss 互反律、Kummer 扩张、Leopold Kronecker [1823—1891] 以及 Kurt Hensel [1861—1941] 关于理想与完备化的工作, Hilbert 引入了类域论. 受高木贞治 [1875—1960] 早期关于存在性定理工作的启发, Emil Artin 证明了 Artin 互反律. Artin 和 Tate 利用群的上同调重建了局部和整体类域论. 后来工作由志村五郎 [1930—2019]、J.-P. Serre、Robert Langlands [1936—] 和 Andrew Wiles [1953—] 通过一系列紧密结合数论与群表示论的研究完成. 除了 Langlands 纲领外, 高维类域论也出现在代数 K-理论中.

30. 20 世纪初, Élie Cartan 和 Hermann Weyl [1885—1955] 对紧 Lie 群、Lie 代数及其表示论都做出了杰出的贡献. Weyl 把紧群的表示用于量子力学. Pierre Deligne [1944—]、George Lusztig [1946—] 等人为 Lie 类型的有限群表示论奠下基石. 数学物理学家如 Eugene Wigner [1902—1995]、Valentine Bargmann [1908—1989]、George Mackey [1916—2006] 等开始把某类特殊的非紧群的表示论应用于量子力学. 继 Kirillov 和 Gelfand 学派关于幂零群和半单群表示论的重要工作后, Harish-Chandra [1923—1983] 为非紧 Lie 群的表示论打下基础. 他的工作影响了 R. Langlands 有关 Eisenstein 级数的工作. I. Piatetski-Shapiro [1929—2009]、I. M. Gel'fand [1913—2009]、R. Langlands、H. Jacquet [1939—]、J. Arthur [1944—]、A. Borel [1923—2003] 等人发展了自守表示理论, 其中基于 p 进位群的表示和 Hecke 运算的 adelic 方法十分有用. Borel-Bott-Weil 型定理给出 Lie 群的表示论几何方面深刻的看法.

31. L. E. J. Brouwer [1881—1966]、Heinz Hopf [1894—1971]、Solomon Lefschetz [1884—1972] 开始研究拓扑中的不动点理论. 稍后 Atiyah 和 Bott 将之推广至一般的椭圆微分复形. Graeme Segal [1941—] 与 Atiyah 研究了等变 K-理论. 1982 年, Duistermaat 和 Heckman 发现辛局部化公式, 随后 Berline-Vergne、Atiyah-Bott 分别独立地在等变上同调下得出了局部化公式. Atiyah 和 Bott 为环面作用的不动点引入了有效的等变上同调局部化方法. 它们已成为代数几何中有力的计算工具.

32. George Birkhoff [1884—1944] 和 Henri Poincaré 是现代动力系统和遍历理论的缔造者. Neumann 和 Birkhoff 证明了遍历定理. Andrey Kolmogorov [1903—1987]、Vladimir Arnold [1937—2010] 和 Jürgen Moser [1928—1999] 证明了可积系统中的不变环在小扰动下不会消失, 因此遍历性并非 Hamilton 系统的典型性质. Donald Ornstein [1934—] 证明了 Bernoulli 移动由其熵决定.

33. 1928 年, Hermann Weyl 引进了他的规范原理. 在 1926 年到 1946 年期间, 主纤维丛的研究 (非 abelian 规范场论) 由 Élie Cartan, Charles Ehresmann [1905—1979] 和其他人发展了. 差不多同一时期, Hassler Whitney [1907—1989] 开始了示性类和向量丛理论 (Eduard Stiefel [1909—1978] 给出其中一个特殊情况) 的研究. 1941 年, Lev Pontryagin [1908—1988] 对实向量丛引入了示性类. 1945 年, 陈省身 [1911—2004] 根据 Todd 和 Edger 的工作创造了陈类. 陈省身和 Simons 引入了陈-Simons 不变量. 透过拓扑量子场论, 这些不变量对纽结不变量以及凝聚态物理学都很重要. 1954 年, Wolfgang Pauli [1900—1958]、杨振宁 [1922—] 和 Robert Mills [1927—1999] 把 Weyl 的规范原理和 É. Cartan、C. Ehresmann、陈省身等创造的非 abelian 规范场论用到粒子物理学上去. 然而, 这些理论没能解释物质质量的存在, 一直到对称破坏理论, 以及 Gerard t'Hooft [1946—]、Ludvig Faddeev [1934—2017] 等人的基础性工作的出现, 问题才有进展.

34. Weyl 有关微分算子谱的基础工作影响了量子力学、微分几何和图论的发展. Weyl 定律给出特征值的渐近性质. 椭圆算子的谱和谱函数的特性成为调和分析最重要的分支. S. Minakshisundaram [1913—1968] 和 Åke Pleijel [1913—1989] 研究了特征值的 zeta 函数的基本性质. Daniel Ray [1928—1979] 和 Isadore Singer [1924—2021] 定义了 Laplace 算子的行列式, 并且引进了 Ray-Singer 不变量. 对 Dirac 算子而言, Atiyah-Singer-Patodi 研究了 eta 函数, 对奇数维的流形得到其 eta 不变量.

35. Erwin Schrödinger [1887—1961] 发明了 Schrödinger 方程, 用以描述量子或波动力学中波函数的动态. Weyl 和 Schrödinger 用它找到氢原子的能量层. Heisenberg 和 Weyl 发现波函数满足测不准原理, 即函数与其 Fourier 变换不能同时局部化. Feynman 在量子力学中引入了路径积分, 它是研究物理系统量子化最重要的工具.

36. Louis Mordell [1888—1972] 提出了以他命名的猜想. 他也证明了有理椭圆曲线上点群的秩是有限的. André Weil [1906—1998] 研究 Mordell-Weil 群, 把 Mordell 的工作推广以包含数域. C. L. Siegel [1896—1981] 研究了算术簇上的整点. 包括 Mordell 猜想在内的许多重要的猜想最后是被 Gerd Faltings [1954—] 凭借 Arakelov 几何解决的, 他亦破解了 abelian 簇上的 Shafarevich 猜想.

37. 特征函数的零点曾被众多人研究. Richard Courant [1888—1972] 发现了节区域定理. 丘成桐 [1949—] 指出节点集的体积是一个在形变下稳定的量, 并且对这个量的上下界做出精确的猜想. 这个猜想变成了谱研究的重要方向. Donnelly 和 Fefferman 在实解析的条件下证明了丘成桐猜想. 对光滑流形而言, 几个不同的做法得到有用的结果, 但距完满尚远.

38. 20 世纪 30 年代, Stefan Banach [1892—1945] 引进了 Banach 空间用以描述无限维的函数空间. Hahn-Banach 定理是研究这个空间的重要工具. Joram Lindenstrauss [1936—2012]、Per Enflo [1944—]、Jean Bourgain [1954—2018] 和其他人对 Banach 空间的重要问题 (包括不变子空间) 皆有巨大贡献. Juliusz Schauder [1899—1943] 在 Banach 空间上证明了不动点定理, 用以求解偏微分方程.

39. Marston Morse [1892—1977] 首创以拓扑研究临界点理论, 同时以临界点理论研究拓扑. 通过 Raoul Bott [1923—2005]、John Milnor [1931—]、Stephen Smale [1930—] 等人的努力, Morse 理论已成为微分拓扑中的重要工具. Bott 找到了典型群的稳定同伦群的周期性, 这是重要的发现. J. Milnor 引进了割补理论, 而 S. Smale 则证明了 h 配边定理, 从而解决了维数大于 4 的 Poincaré 猜想.

40. Green 函数、热核和波核等再生核在 Fresholm 积分方程理论中扮演着重要的角色. Jacques Hadamard [1865—1963] 找到了这些核的近似, 称为拟基本解. Gábor Szegő [1895—1985]、Stefan Bergman [1895—1977]、Salomon Bochner [1899—1982] 研究了在多复变函数论中重要的不同函数空间上的再生核. 华罗庚 [1910—1985] 计算了 Siegel 域的核函数. Stefan Bergman 利用他的核函数来定义 Bergman 度量. Charles Fefferman [1949—] 对有界光滑严格拟凸域上的 Bergman 度量做出了详细的分析. 从他的分析中, 可以知道双全纯变换直到边界都是光滑的. David Kazhdan [1946—] 研究了在流形覆盖下 Bergman 度量的结构. 他证明了志村簇的 Galois 共轭仍然是志村簇.

41. Salomon Bochner [1899—1982] 引入方法证明了把拓扑和曲率联系起来的消灭定理. 这种方法后来被小平邦彦 [1915—1997] 应用到 $\bar{\partial}$ 算子上, 也被 André Lichnerowicz [1915—1998] 用到 Dirac 算子上. 小平邦彦用他的消灭定理证明了具有整 Kähler 类的紧 Kähler 流形必是代数的. Charles B. Morrey [1907—1984] 把它推广到 $\bar{\partial}$ Neumann 问题上, 从而解决了其中的 Levi 问题, 以及证明了实解析流形上存在着实解析度量. Joseph Kohn [1932—] 改进了 Morrey 的工作, 重新证明了 Newlander-Nirenberg 有关近复结构可积性的定理. 冈洁 [1901—1978] 和 Hans Grauert [1930—2011] 也解决了 Levi 问题. 小平邦彦、Spencer 和仓西正武 [1924—2021] 研究了复结构的形变.

42. Richard Brauer [1901—1977]、John Thomson [1932—]、Walter Feit [1930—2004]、Daniel Gorenstein [1923—1992]、铃木通夫 [1926—1998]、Jacques Tits [1930—2021]、John Conway [1937—2020]、Robert Griess [1945—] 和 Michael Aschbacher [1944—] 共同完成了有限单群的分类. 月光

猜想把魔群的表示和自守形式联系起来, 它是由 Richard Borcherds [1959—] 首先证明的.

43. Eugene Wigner [1902—1995] 在重原子核谱的研究中引进了随机矩阵. Freeman Dyson [1923—2020] 猜测这些谱满足随机酉矩阵和正交矩阵中的半圆法则. Bohigas-Giannoni-Schmit 猜想指出其古典对应显示纷乱状态的谱统计可以用随机矩阵理论来刻画. Dan-Virgil Voiculescu [1949—] 引入了自由概率来描述随机矩阵的渐近行为.

44. 1928 年, Frank P. Ramsey [1903—1930] 发明了 Ramsey 理论, 用以在无序中寻找规律. 1959 年, Paul Erdős [1913—1996] 和 Alfréd Rényi [1921—1970] 提出了随机图的理论. 1976 年, Kenneth Appel [1932—2013] 和 Wolfgang Haken [1928—] 利用计算机证明了四色问题.

45. William Hodge [1903—1975] 提出了一个重要的问题, 即一个 (k,k) 型的 Hodge 类能否在相差一个挠动下由代数闭链表示. 差不多同时, 周炜良 [1911—1995] 引进了代数闭链簇. 代数积分的周期在理解代数闭链中起着重要的作用. 这些积分的计算要用到全纯微分方程, 如 Picard-Fuchs 方程便用于计算椭圆曲线的周期. 1963 年, John Tate 提出 Hodge 猜想在算术上的对应猜想, 用在 Étale 上同调上的 Galois 表示来描述在算术簇上的代数闭链. G. Faltings 对数域上的 abelian 簇证明了 Tate 猜想.

46. Andrey Kolmogorov [1903—1987]、Aleksandr Khinchin [1894—1959] 和 Paul Lévy [1886—1971] 奠定了现代概率论的基础. Markov 链是 Andrey Markov [1856—1922] 引入的, 而伊藤清 [1915—2008] 开始了随机微分方程的研究. Norbert Wiener [1894—1964] 定义了 Brown 运动, 将它视为在函数空间上的 Gauss 过程. 他亦开始了 Wiener 过程的研究. Freeman Dyson 利用量子力学来解释物质的稳定性, Elliott H. Lieb [1932—] 及其合作者作进一步研究. Harald Cramér [1893—1985] 引入了大偏差理论. Simon Broadbent [1928—2002] 和 John Hammersley [1920—2004] 则引入了渗流理论.

47. John von Neumann 首先利用算子代数来研究量子场论. 接下来是富田稔和竹崎正道的工作. Alain Connes [1947—] 引进了非交换几何. Vaughan Jones 引进了 Jones 多项式作为第一个量子连接不变量. Edward Witten [1951—] 利用陈-Simons 的拓扑量子场论来解释纽结上的 Jones 多项式; 后来 Mikhail Khovanov [1972—] 用他的同调来解释 Jones 多项式.

48. 1932 年, John von Neumann 和 Lev Landau [1908—1968] 在量子力学中引进了密度矩阵的概念. Neumann 把经典 Gibbs 熵推广到量子力学上来. Norbert Wiener [1894—1964] 和 Claude Shannon [1916—2001] 分别对信息论做出了重要的贡献, 他们各自引进了熵的概念. Wiener 发展了控制论、认知

科学、机器人学和自动化. D. Robinson [1935—2021] 和 D. Ruelle [1935—] 提出有关量子熵的强次可加性的猜想, 这个猜想其后被 E. Lieb [1932—] 和 M. Ruskai [1944—] 所证明.

49. Jean Leray [1906—1998] 引进了层论和谱序列, 它们是代数几何和拓扑的重要工具. J.-P. Serre 发展了可以计算球面同伦群无挠件部分的谱序列. Frank Adams [1930—1989] 也引入他的谱序列来研究球面的同伦群.

50. André Weil 建构起代数几何和数论之间深刻的联系. 他运用高度和 Galois 上同调群来研究无限下降法. 对有限域上的代数簇, 他提出了对应的 Riemann 假设. 他也提议研究一般域上的代数几何, 从而对数论获得重要的洞识. Bernard Dwork [1923—1998]、Michael Artin [1934—]、Alexander Grothendieck [1928—2014] 和 Pierre Deligne 一起完成 Weil 的规划. Deligne 证明了 Weil 猜想, 奠定了算术几何学的基础. Alexander Grothendieck、J.-P. Serre、Bernard Dwork 和 Michael Artin 对代数几何和算术几何的发展皆有基本的贡献. Serre 在其奠基性工作 FAC 中将 Leray 提出的层论应用到代数几何中去. Grothendieck 受此启发引入概型、拓扑斯等概念把代数几何用范畴与函子的语言重新建立起来. 此后 Grothendieck 及其学生发展出了 l-进上同调, Étale 上同调, 晶体上同调并提出终极上同调理论 — motive 理论. 这些理论搭建了现代代数几何的基本框架.

51. Kähler 流形上的中间 Jacobi 概念首先由 André Weil 引进, 稍后又被 Phillip Griffiths [1938—] 以不同的形式找到. 在许多情形下, Torrelli 型定理 (它对代数曲线是成立的) 被提出和证明, 一个重要的情形和 K3 曲面有关. 当代数流形退化时, 其上 Hodge 结构的变化曾被 Pierre Deligne、Wilfried Schmid [1943—] 和斋藤恭司 [1944—] 等人研究. Mark Goresky [1950—] 和 Robert MacPherson [1944—] 引进了相交上同调来研究代数结构的奇异行为. Zucker 猜测对志村簇来说, 相交上同调和 L^2 上同调是同构的. 其后这个猜想被 Eduard Looijenga [1948—] 和 Saper-Stern 独立证明了.

52. C. B. Morrey [1907—1984] 证明了带粗糙系数的经典单值化定理, 他也解决了一般 Riemann 流形上的 Plateau 问题, 从而推广了 Jesse Douglas [1897—1965] 和 Tibor Radó [1895—1965] 的工作. H. Weyl 提出了有关正曲率曲面的嵌入问题; H. Minkowski 提出了 Minkowski 问题. 对实解析曲面而言, 这两个问题都被 Hans Lewy [1904—1988] 解决了, 而光滑曲面的情况则由 Aleksei Pogorelov [1919—2002] 和 Louis Nirenberg [1925—2020] 独立地解决. 高维的 Minkowski 问题则由 Pogorelov 和郑绍远-丘成桐独立地解决. 实 Monge-Ampère 方程曾被 Leonid Kantorovich [1912—1986] 应用到最优化传输的研究中.

53. Lev Pontryagin 在拓扑学中引进了配边理论. René Thom [1923—2002] 计算了定向流形的配边群, F. Hirzebruch 利用它证明了可微流形上联系 Poincaré 对的符号差和 Pontryagin 数的符号差公式. John Milnor 利用它证明了七维怪球的存在, 从而开启了流形上光滑结构的研究. Michel Kervaire [1927—2007] 和 John Milnor 为怪球做出分类, 并同时和 Sergei Novikov [1938—] 开展了割补理论. 割补理论为单连通光滑流形的分类提供了十分重要的工具. C.T.C. Wall [1936—] 利用基本群进行割补术. 割补理论为研究同伦结构、拓扑结构、PL 结构、光滑结构以及特殊结构的配边理论等重要问题提供了强有力的工具. 这包括了 Kirby-Sibermann、Brumfiel-Madsen-Milgrim 和 Brown-Peterson 的工作.

54. Alan Turing [1912—1954] 引进了 Turing 机的概念, 并开展了计算性理论. Stephen Cook [1939—] 把定理证明的复杂性这一概念精确化, 并提出著名的 $P = NP$ 问题 (Leonid Levin [1948—] 也独立地提出过). Leslie Valiant [1949—] 引进了 $\#P$ 完备性的概念, 并应用它来解释枚举的复杂性.

55. Samuel Eilenberg [1913—1998] 和 Saunders Mac Lane [1909—2005] 最先利用公理化的方法来建构同调论, 同时也引进了 Eilenberg-MacLane 空间来研究群的上同调. 其后上同调理论由 Gerhard Hochschild [1915—2010] 等人引进到代数及 Lie 理论中. 作为上同调理论的推广, A. Grothendieck [1928—2014]、M. Atiyah [1929—2019]、F. Hirzebruch [1927—2012] 等人引进了 K-理论. 在标准上同调理论中自然存在的运算如上下积和平方运算, 在 K-理论中皆有对应.

56. Atle Selberg [1917—2007]、Grigory Margulis [1946—]、Marina Ratner [1938—2017] 和 Armand Borel [1923—2003] 利用遍历理论、分析和几何来研究 Lie 群的离散子群. Selberg 找到了迹公式, 把半单 Lie 群除去离散子群的商空间的 Laplace 算子谱和这个离散子群的共轭类联系起来. Mostow 使用拟共形方法证明了作用在双曲空间形式上格的刚性. 他也证明了高秩群上格的超刚性. Selberg 曾猜想后者是算术的, 这是由 Margulis 证明的. Ratner 和 Margulis 一起证明了有关离散群的 Raghunathan 和 Oppenheim 猜想. Bruhat-Tits 建筑是由 J. Tits 引进的, 目的是了解例外 Lie 型群的结构. 它也可以用来研究 p-进 Lie 型的齐性空间.

57. Herbert Federer [1920—2010]、Wendell Fleming [1928—]、Frederick Almgren [1933—1997] 和 William Allard 发展了几何测度论. Enrico Bombieri [1940—]、Ennio de Giorgi [1928—1996] 和 Enrico Giusti [1940—] 合作解决了 Bernstein 问题. 和 Simons 的工作结合起来, 他们证明了面积极小超曲面最坏有余 7 维数的奇点. F. Almgren 证明了面积极小流在一个余 2 维的闭集外是光滑的. Sacks-Uhlenbeck 利用变分原理和冒泡过程发展了流形中极小

球面的存在性. 萧荫堂-丘成桐利用这一成果证明了 Frenkel 猜想; Gromov 又用它探究了辛几何上的不变量.

58. A. Calderón [1920—1998] 和 A. Zygmund [1900—1992] 研究了卷积型的奇异积分算子, 从而推广了 Hilbert 变换、Beurling 变换和 Riesz 变换. 他们借用了 Hardy-Littlewood、Marcel Riesz [1886—1969] 和 Józef Marcinkiewicz [1910—1940] 等前人的工作, 研究了 L^1 函数的分解定理.

59. Friedrich Hirzebruch [1927—2012] 利用他自己的可乘序列理论和 J.-P. Serre 对代数曲面的一个观察, 找到了高维的 Riemann-Roch 公式. 他的公式对代数流形成立. Michael Atiyah 和 Isadore Singer 把它拓展到更一般的椭圆微分算子上, 并且证明了指标定理. Hirzebruch-Riemann-Roch 公式从而在一般情况下是对的. 小平邦彦 [1915—1997] 利用这个一般定理, 把意大利学派有关代数曲面的分类推广到一般的复曲面上. 线性微分算子开始进入到微分拓扑中, 其中最重要的如 Dirac 算子和 $\bar{\partial}$ 算子. Hirzebruch、Grothendieck、Atiyah-Hirzebruch、Bott 等人发展了 K-理论, 并利用它解决了不少代数和拓扑上的重要问题. 代数 K-理论是由 J. Milnor、Hyman Bass [1932—]、Stephen Schanuel [1933—2014]、Robert Steinberg [1922—2014]、Richard Swan [1933—]、Stephen Gersten [1940—] 和 Daniel Quillen [1940—2011] 发展出来的, 从此深刻的代数方法成为理解拓扑中问题的强有力工具.

60. Peter Swinnerton-Dyer [1927—2018] 和 Bryan Birch [1931—] 提出了他们有关椭圆曲线的著名猜想, 猜测 Hasse-Weil zeta 函数在中心点处的首项次数等于 Mordell-Weil 群的秩. Coates-Wiles、Gross-Zagier、Kolyvagin 等人对这一猜想都做出了重要的贡献. 在 Hans Heilbronn [1908—1975]、Kurt Heegner [1893—1965] 和 Harold Stark [1939—] 的工作之后, Dorian Goldfeld [1947—] 借用了 Gross-Zagier 的工作给出二次虚域的类数的一个有效界, 从而解答了 Gauss 的一个老问题. Alexander Beilinson [1957—]、Spencer Bloch [1944—] 和加藤和也 [1952—] 等人又把这一猜想推广到高维的算术簇上.

61. Hassler Whitney [1907—1989] 开启了将流形浸入和嵌入到 Euclid 空间的研究. 浸入的 Gauss 映射给出了流形到 Grassmann 流形的分类映射, 从而将流形上的向量丛进行分类. Whitney 开始了合痕意义下的浸入分类工作, 最后由 Stephen Smale [1930—] 和 Morris Hirsch [1933—] 完成. 浸入猜想最终由 Ralph Cohen [1952—] 于 1985 年证明. 该猜想指出 n 维流形可以浸入到维数为 $2n-k(n)$ 的 Euclid 空间, 其中 $k(n)$ 是 n 的二进制表示中 1 的个数. John Nash [1928—2015] 证明了任何流形都可以基于他的隐函数定理等距地嵌入到 Euclid 空间中. 但是嵌入维数不是最佳的. Mikhael Gromov [1943—] 极大地扩展了 Smale-Hirsch 的浸入理论, 以处理微分关系. 由于曲率退化, 曲面局部嵌入到三维空间仍未解决. 林长寿 [1951—] 解决了非负曲率情形.

62. Ennio de Giorgi [1928—1996]、John Nash、Jürgen Moser [1928—1999] 和 Nicolai Krylov [1941—] 发展了关于标量函数的一致椭圆偏微分方程的正则性理论. Luis Caffarelli [1948—]、Joel Spruck 和 Louis Nirenberg 对完全非线性椭圆方程作了类似的工作. R. Schoen 等人研究了含临界指标的半线性和拟线性方程.

63. Roger Penrose [1931—] 和 Stephen Hawking [1942—2018] 在广义相对论中引入了奇点理论, 从而为黑洞理论奠定了严格的数学基础. Kerr 发现了带有角动量的黑洞方程的解, 成为所有黑洞理论的基础. Brandon Carter、Werner Israel 和 Hawking 在事件视界的正则性假设下证明了黑洞的唯一性. Richard Schoen 和丘成桐首次证明了因物质凝聚而形成的黑洞的存在性. Christodoulou 和 Klainreman 证明了 Minkowski 时空是动态稳定的.

64. 广中平祐 [1931—] 证明了特征零上的代数簇的奇点可以通过逐次胀开来消解. John Mather [1942—2017] 和丘成栋 [1952—] 指出孤立奇点的分类可以转化为对有限维可交换代数的研究. 森重文 [1951—] 提出了极小模型理论来研究高维代数簇的双有理几何. 之后这一理论被川又雄二郎 [1952—]、宫冈阳一 [1949—]、Vyacheslav Shokurov [1950—], János Kollár [1956—] 等人发展壮大.

65. 1938 年, Paul Smith [1900—1980] 最早使用上同调理论研究作用于流形上的有限群. A. Borel 于 1960 年扩展了 Smith 理论, 引入了等变上同调. Smith 猜想断言作用在三维球面上的循环群的不动点集是一个平凡纽结. 通过 Meeks-丘的极小曲面方法、Thurston 的几何化纲领以及 Cameron Gordon [1945—] 关于群论的工作, Smith 猜想最终被解决. Meeks-Simon-丘成桐通过证明三维流形中嵌入的球面可以合痕于由曲线连接起来的不相交的嵌入极小球面, 把结果扩充至包含怪球的情形.

66. 1947 年, George Dantzig [1914—2005] 发明了线性规划中的单纯形法. 1984 年, Narendra Karmarkar [1957—] 引入内点法, 其复杂度是多项式有界的. Yves Meyer [1939—] 和 Stéphane Mallat [1962—] 发展了小波分析, 紧随其后有 Ingrid Daubechies [1954—] 和 Ronald Coifman [1941—].

67. 1967 年, Clifford Garder [1924—2013]、John Greene [1928—2007] 和 Martin Kruskal [1925—2006] 提出了用逆散射法来求解 KDV 方程, 他们找到了孤立子解. 后来, 该方法扩展到许多著名的非线性偏微分方程. 这一方法可以看成在 Riemann-Hilbert 对应中的因子分解问题. Lax 对的引入有助于从概念上理解该方法, 而 Gel'fand-Levitan 方法也被涉及.

68. Langlands 纲领是现代数论很多方面的推手, 它将数论、算术几何和基于自守形式一般理论的调和分析统一起来. Hervé Jacquet [1939—] 和 James Arthur [1944—] 为这一纲领做出了重要贡献. Andrew Wiles 解决谷山-志村-Weil 猜想是该纲领的巨大成功. 利用这个猜想, Wiles 在 Richard Taylor [1962—] 的协助下, 根据 Gerhard Frey [1944—]、J.-P. Serre 和 Ken Ribet [1948—] 在椭圆曲线上的早期观察, 证明了 Fermat 大定理.

69. James Eells [1926—2007] 和 Joseph H. Sampson [1926—2003] 证明了映到非正曲率流形上的调和映射的热流总是存在的, 并且收敛到一个调和映射. Richard Hamilton [1943—] 在由 Riemann 度量构成的空间中引入了 Ricci 流. 他在这一领域中的大量工作还包括对一般抛物方程中重要的李伟光-丘成桐不等式的推广. Richard Hamilton、Gerhard Huisken [1958—]、Carlo Sinestrari [1970—] 等人对平均曲率流发展了一套平行理论.

70. 通过与 R. Schoen、L. Simon、K. Uhlenbeck、R. Hamilton、C. Taubes、S. Donaldson 等人的合作, 丘成桐为现代几何分析奠定了基础. 他们通过使用非线性微分方程解决了一系列几何问题. 其中最具代表性的工作是 Calabi 猜想的证明, 丘成桐确定了哪些 Kähler 流形上可以容纳 Kähler-Ricci 平坦度量. Aubin 和丘成桐确定了数量曲率为负的 Kähler-Einstein 度量的存在性. 丘成桐以此证明了陈数不等式, 从而意味着关于射影空间上代数结构唯一性的 Severi 猜想成立. 丘成桐提出 Fano 流形上 Kähler-Einstein 度量存在性的猜想, 其中涉及某种稳定性.

71. 1979 年, Richard Schoen [1950—] 和丘成桐解决了正质量猜想, 这证明了孤立物理时空在能量上是稳定的. 最初证明只适用于一至七维. Edward Witten 随后在自旋流形上利用旋量给出另一个证明. Roger Penrose、Robert Bartnik、Stephen Hawking、Gary Gibbons [1946—]、Gary Horowitz [1955—]、Brown-York 等许多学者研究了拟局部质量的概念.

72. William Thurston [1946—2012] 根据八种典型几何结构提出了对三维流形进行分类的大纲. 基于 Mostow 的强刚性定理, 他证明了非环状的和足够大的三维流形可以具有唯一的双曲度量. 在证明过程中, 他研究了 Riemann 曲面上的动力系统以及全纯二次微分定义的奇异叶状结构. 他还证明了流形上余维数为 1 的叶状结构存在当且仅当流形的 Euler 数为 0.

73. Michael Freedman [1951—] 运用 Casson 把手和 Bing 拓扑理论, 证明了四维 Poincaré 猜想, 并且对所有单连通流形作了拓扑分类.

74. 1982 年, Edward Witten 运用量子场论和超对称性的观念推导出 Morse 理论, 为连接几何与物理提供了一个强有力的工具. 1988 年, 他引入了拓扑量子场理论, 随后的 Michael Atiyah 使用了 Graeme Segal 关于共形场理论公理化的部分思想. 从这一观点出发, 人们找到了许多拓扑不变量, 它们在凝聚态理论中有着重要的意义.

75. Simon Donaldson [1957—] 根据 Uhlenbeck 和 Taubes 在四维流形上规范理论的模空间的工作, 发现了光滑四维流形的二阶上同调群的相交对的新约束, 这与 Michael Freedman 的上述工作有着鲜明的对比. Donaldson 还定义了四维流形的多项式不变量. 在 Seiberg-Witten 引入他们的不变量后, 该理论得到了简化. Seiberg-Witten 不变量可用于解决有关代数曲面拓扑的几个重要问题.

76. 在 N. Trudinger 和 T. Aubin 的一些工作之后, Richard Schoen 完成了关于共形几何的山边猜想的证明, 架起了广义相对论数学与共形几何学之间的桥梁. Schoen 和丘成桐以此对正数量曲率的完备共形平坦流形的结构进行了分类. Schoen 和丘成桐在正数量曲率流形中引入度量割补. Gromov 和 Lawson 跟进了这项工作并发现它与自旋配边密切相关. 结果 Stephan Stolz 找到了紧单连通流形在维数不为 3 和 4 时具有正数量曲率度量的充分必要条件. 对于非单连通流形, 还有其他基于 Schoen-丘的极小超曲面的判别标准.

77. 1986 年, Karen Uhlenbeck [1942—] 和丘成桐求解了稳定丛的 Hermite-杨-Mills 方程, 而 Simon Donaldson 使用不同的方法在代数曲面上进行了相同的求解. Donaldson-Uhlenbeck-丘定理成为杂弦理论的重要组成部分. 其后, C. Simpson 使用它的分析来给出带 Higgs 场的全纯向量丛, 这是 Nigel Hitchin [1946—] 提出的概念. 吴宝珠 [1972—] 使用 Higgs 丛证明了 Langlands 纲领中的基本引理.

78. 受到 Witten 在 Morse 理论上的工作的启发, Andreas Floer [1956—1991] 定义了辛几何中的 Floer 理论. Taubes 证明了 Seiberg-Witten 不变量等同于他定义的辛不变量, 他称之为 Gromov-Witten 不变量. 由此他证明了射影平面上辛结构的刚性.

79. Brian Greene [1963—]、Ronen Plesser [1963—]、Philip Candelas [1951—] 等人引入了 Calabi-丘空间的镜像对称性. Candelas 等人利用镜像对称性得出了枚举几何学的五次三维型计算公式. Alexander Givental [1958—] 与连文豪-刘克峰-丘成桐分别独立严格地证明了该公式, 从而解决了枚举几何学中的一个古老问题, 同时也显示了弦论为几何学提供了有力的数学预测工具. 作为镜像对称性的范畴化陈述, Maxim Kontsevich [1964—] 提出了同调镜像对称. Strominger-丘成桐-Zaslow 使用特殊 Lagrange 闭链, 对镜像对称性做出几何解释. 这两种做法使得代数几何与弦论的互动活跃起来.

80. Peter Shor [1959—] 首次提出因子分解的量子算法, 比经典算法快指数倍. 它推动了量子计算的发展.

第十届清华三亚国际数学论坛
——首届当代数学史大师讲座

算术几何精确公式的历史简述

John Coates

译者: 王善平

John Coates (1945—2022), 英国皇家学会会员, 先后在哈佛大学、斯坦福大学、巴黎十一大学、巴黎高师和剑桥大学等世界著名学府任教, 曾任伦敦数学会主席, 巴黎高师数学系系主任等职; 其研究领域是数论, 特别是代数数论与算术几何, 在引进岩泽理论到椭圆曲线的研究上做出了重要突破与贡献. 1997 年获得伦敦数学学会颁发的高级怀德海奖.

1. 前言

算术几何的精确公式, 其中大部分仍然是猜想, 无疑属于当今数学中最神秘、最漂亮和最重要的问题. 在这三次讲课中, 我将介绍这些精确公式的历史以及前人所做的工作. 具体地说, 我打算介绍与以下问题有关的若干重要发现的历史: (i) 无限下降法; (ii) Dirichlet 类数公式; (iii) Kummer 关于分圆域的工作以及岩泽健吉 (Iwasawa) 对其重要的发展; (iv) Birch-Tate 猜想; (v) BSD 猜想 (the conjecture of Birch and Swinnerton-Dyer). 我将着重讲述早期的关键例子, 不讨论后来更一般的定理.

2. 第一讲

本讲将简短介绍 1900 年以前的几个重要发现, 它们对算术几何精确公式在 20 世纪的所有后续研究产生了极大的影响.

最早是 Fermat 在 17 世纪 30 年代的发现, 即无限下降法, 他用以证明: 不存在这样的直角三角形, 其面积为 1, 而各边的长度是有理数. 他的证明能让高中生理解, 我在此略述一二.

一个直角三角形用其三边之长 $[a, b, c]$ (c 为弦的长度) 来表示. 如果 a, b, c 均为整数且其最大公因子是 1, 则称它是本原的 (primitive). 如果 $[a, b, c]$ 是一个本原直角三角形, 不难看出 a, b 之一必为偶数, 不妨设 b 是偶数, 于是存在一对互素的正整数 m, n, 使得

$$a = n^2 - m^2, \quad b = 2nm, \quad c = n^2 + m^2.$$

现假设存在一个本原直角三角形 $\Delta_1 = [a_1, b_1, c_1]$, 其面积是一个整数的平方. 于是由上述得知, 存在互素的正整数 n_1, m_1, 使得

$$a_1 = n_1^2 - m_1^2, \quad b_1 = 2n_1m_1, \quad c_1 = n_1^2 + m_1^2.$$

Δ_1 的面积为 $n_1m_1(n_1 + m_1)(n_1 - m_1)$. 接下来我们要说明, 这四个因数是两两互素的. 因为已知 n_1, m_1 互素, 所以只需考察 $n_1 + m_1, n_1 - m_1$ 是否互素; 由于这一对数的任何 [大于 1 的——译注] 公因子都必须同时整除 $2n_1$ 和 $2m_1$, 而这是不可能的, 因为 2 并不是 a_1, b_1, c_1 的公因子. 于是存在正整数 t, w, u, v, 使得 $n_1 = t^2$, $m_1 = w^2$, $n_1 + m_1 = u^2, n_1 - m_1 = v^2$. 由于 a_1 是奇数, 所以 u 和 v 也是奇数. 我们还有

$$2w^2 = (u + v)(u - v). \tag{2.1}$$

因为 u 和 v 互素, 所以 $u + v$ 和 $u - v$ 的最大公因子一定是 2. 而方程 (2.1) 意味着它们必然一个是 $2r^2$, 另一个是 $4s^2$ 的形式, 于是 $u = r^2 + 2s^2$, $\pm v = r^2 - 2s^2$. 进而

$$t^2 = (u^2 + v^2)/2 = r^4 + 4s^4. \tag{2.2}$$

这样我们又得到一个直角三角形 $\Delta_2 = [r^2, 2s^2, t]$, 其各边长是整数, 面积是整数 rs 的平方; 而弦长为 t, 严格小于先前直角三角形 Δ_1 的弦长 $c_1 = t^2 + w^4$. 我们现在可以对 Δ_2 (除去其各边长的公因子以确保它是一个本原三角形) 重复以上对 Δ_1 的操作过程, 并一直下去, 由此下降程序得到三角形的弦长, 形成了一个正整数的严格递减序列. 于是用此 "无限下降法" 得到一个矛盾 [从而证明了, 满足给定条件的直角三角形不存在——译注].

Fermat 注意到, 他的方法也证明了以下断言: 当 $n = 4$ 时的特殊情况, 即方程

$$x^n + y^n = z^n \tag{2.3}$$

没有满足 x, y, z 为整数, $xyz \neq 0$ 的解. 事实上, 如果方程 (2.3) 当 $n = 4$ 时有非平凡解, 则定义 $a = z^4 - x^4$, $b = 2x^2z^2$, $c = z^4 + x^4$, 我们就会得到一个直角三角形 $[a, b, c]$, 其面积为 $x^2y^4z^2$, 与 Fermat 前面的证明矛盾. Fermat 声称方程 (2.3) 对所有的整数 $n \geqslant 3$, 都不存在满足条件 x, y, z 为整数, $xyz \neq 0$ 的解; 试图证明这一猜想是 19 世纪数论研究在德国大发展的主要动力.

Fermat 也许在什么地方看到过这个 "证明不存在边长为有理数、面积为 1 的直角三角形" 的问题, 因为古代阿拉伯人, 可能还有其他亚洲数学家, 曾对 "哪个正整数 N 是有理数边长直角三角形的面积" 这个一般问题感兴趣. 古代数学家所找到具有这种性质的最小正整数是 $N=5$ (例如, 三角形 [9/6, 40/6, 41/6] 的面积是 5). 如果 N 是一个有理直角三角形的面积, 我们就遵循古人称它为 "同余数" (congruent number). 古人可能已经知道, N 是同余数当且仅当椭圆曲线

$$C^{(N)}: y^2 = x^3 - N^2 x \tag{2.4}$$

有一个点 (x, y), 满足 $x, y \in \mathbf{Q}$, $y \neq 0$. 虽然 Fermat 的无限下降法能证明 1 不是同余数, 但是还没有找到这样的算法, 能够在有限步内准确判断任一正整数 N 是否为同余数. 我们将在第二讲中详细讨论这一难题的症结所在.

现在我们来讨论 Dirichlet 的工作. 他早期研究方程 (2.3), 获得一些成果 (特别是, 他第一个证明了 $n=5$ 的 Fermat 猜想), 然后于 1837 年得到首个重大发现, 从而把纯算术问题与 L 函数的特殊值联系起来了. 令 p 为大于 3 的任一素数, 满足 $p \equiv 3 \mod 4$. 定义 $K = \mathbf{Q}(\sqrt{-p})$, 并令 h 表示 K 的类数 (class number), R (或 N) 表示 $\{1, 2, \cdots, (p-1)/2\}$ 中模 p 的二次剩余的个数 (或二次非剩余的个数).

定理 2.1 (Dirichlet) *对所有的素数* $p \equiv 7 \mod 8$, *我们有* $h = R - N$; *而对所有的素数* $p > 3$, $p \equiv 3 \mod 8$, *我们有* $h = (R-N)/3$.

Dirichlet 证明的关键, 是引入了他所称的 "L 级数" (L-series). 令 $\chi(n) = (n/p)$ 表示模 p 的二次特征, 定义

$$L(\chi, s) = \prod_{q \neq p} (1 - \chi(q)/q^s)^{-1},$$

这里的乘积取所有 $\neq p$ 的素数 q, 而 s 是实部 > 1 的复变量. Dirichlet 证明了, $L(\chi, s)$ 有一个整函数的解析延拓, 并且根据素数 $p > 3$, 满足 $p \equiv 7$ 或 3 mod 8, 有 $L(\chi, 0) = R - N$ 或 $(R-N)/3$. 于是他的类数公式相当于断言

$$h = L(\chi, 0).$$

注意, Dirichlet 定理特别蕴含了 $R > N$, 对于所有的素数 $p > 3$, $p \equiv 3 \mod 4$. 我们要指出的是, 这一看似简单的论断迄今尚未有不用求 L 值的纯算术证明.

关于 L 级数特殊值与算术之间神秘联系的第二个重大发现是由 Kummer 得到的. 他原来是一名中学教师, Dirichlet 和 Jacobi 帮助他获得了布雷斯劳

大学 (University of Breslau) 教授的席位. Kummer 运用新发现的关于数域 $F=\mathbf{Q}(\rho)$ (ρ 为 p 次单位原根) 上代数整数环的分解理论, 研究 n 为任一奇素数 p 的 Fermat 方程 (2.3). 他把全部奇素数 p 分为两类: 能整除数域 F 的类数的 p 称为 "正则的" (regular), 否则称为 "非正则的" (irregular). 对于正则素数 p, 他解决了 Fermat 猜想:

定理 2.2 (Kummer) *如果 p 是一个奇正则素数, 则方程 $x^p+y^p=z^p$ 没有满足 x,y,z 是整数且 $xyz\neq 0$ 的解.*

Kummer 的思想被 19 世纪下半叶的其他许多数学家所继承, 但对于所有非正则素数 p 的 Fermat 猜想的证明一直没有进展.

即使在今天使用高速计算机, 要计算 $\mathbf{Q}$ 上即使次数不很高的数域的类数也是一件非常困难的事, 更不用说在只能用手算的 Kummer 时代. 于是, 在将上述定理用于计算实例时, Kummer 遇到了如何确定一个奇素数是否正则的难题. 可能就是这件事, 导致他做出了最重要的发现. 我们回忆一下, Riemann zeta 函数是通过 Euler 乘积

$$\zeta(s)=\prod_q (1-1/q^s)^{-1}$$

来定义的, 其中复变量 s 的实部 >1, 乘积取遍所有的素数 q. 我们知道, $\zeta(s)$ 在整个复平面上有一个解析延拓, 除了 $s=1$ 这个单极点. Euler 在 18 世纪证明了

$$\zeta(-n)=-B_{n+1}/(n+1)\quad (n=1,3,5,\cdots),$$

此处 Bernoulli 数 B_n 是由以下级数所定义的有理数

$$\frac{t}{e^t-1}=\sum_{n=0}^{\infty} B_n t^n/n!\,.$$

定理 2.3 (Kummer) *奇素数 p 是正则的, 当且仅当 p 不能整除有理数 $\zeta(-1),\zeta(-3),\cdots,\zeta(4-p)$ 中任意一个分子.*

应用这一定理, 可以轻松给出很大范围内正则素数的清单 (事实上, 迄今已确定了 12×10^6 以内的所有正则素数). 最小的非正则素数是 $p=37$, 因为

$$\zeta(-31)=\frac{37\times 208360028141}{16320}.$$

然而, 至今尚未证明是否存在无穷多的正则素数, 虽然数值计算提示, 大约 60.61% 的素数是正则的.

3. 第二讲

我们现在开始讨论 20 世纪的工作, 它们是在 Fermat, Dirichlet 和 Kummer 早期伟大发现的基础上发展起来的.

我们回忆一下, $\mathbf{Q}$ 上的一条椭圆曲线 E 是定义在 $\mathbf{Q}$ 上、包含一个给定有理点、亏格为 1 的曲线. 在 E 的有理点集合 $E(\mathbf{Q})$ 上, 有一个以给定有理点为零元素、自然的 Abel 群结构. 根据 Riemann-Roch 定理, 我们总能为 E 找到形如

$$y^2 + a_1xy + a_3y = x^3 + a_2x^2 + a_4x + a_6 \tag{3.1}$$

的方程, 其中 $a_i \in \mathbf{Z}$.

定理 3.1 (Mordell) *$E(\mathbf{Q})$ 是一个有限生成 Abel 群.*

Mordell 的证明看似很简单, 我们在这里给出一个与其无本质区别的证明. 设 $u = m/n$ 是一有理数, 其中 m, n 是互素的整数, 定义 $H(u) = \log\max(|m|, |n|)$, Neron 与 Tate 证明了, 在 $E(\mathbf{Q})$ 上存在唯一的实值函数 H, 满足: $H(2P) = 4H(P)$; 以及当 P 跑遍 $E(\mathbf{Q})$ 时, $H(P) - H(x(P))$ 有界. 我们接下来要证明: 设 m 是任一 $\geqslant 2$ 的整数, P_i 形成 $mE(\mathbf{Q})$ 在 $E(\mathbf{Q})$ 中陪集的代表集合, 如果能找到一个实数 b, 满足对于所有的 $i, H(P_i) < b$, 则只要我们能证明 $E(\mathbf{Q})/mE(\mathbf{Q})$ 是有限的, 就证明了 Mordell 定理. 我们简单提一下, 正是在证明这最后的断言中, 无可避免地出现了整个数学中最神秘的群. 令 p 为任意素数, k 为正整数. 令 $G_{\mathbf{Q}}$ 表示 $\mathbf{Q}$ 的绝对 Galois 群. 则乘以 p^k 就得到以下 $G_{\mathbf{Q}}$ 模的正合序列:

$$0 \to E_{p^k} \to E(\overline{\mathbf{Q}}) \to E(\overline{\mathbf{Q}}) \to 0.$$

取 $G_{\mathbf{Q}}$ 上同调, 又得到正合序列

$$0 \to E(\mathbf{Q})/p^kE(\mathbf{Q}) \to H^1(G_{\mathbf{Q}}, E_{p^k}) \to (H^1(G_{\mathbf{Q}}, E(\overline{\mathbf{Q}})))_{p^k} \to 0. \tag{3.2}$$

现在通过以下局部化操作来定义 $H^1(G_{\mathbf{Q}}, E_{p^k})$ 的子群 $\mathrm{Sel}(E_{p^k}/\mathbf{Q})$. 对于 $\mathbf{Q}$ 的每个有限或无限的素数 v, 令 $\mathbf{Q}_v$ 表示在 v 上的完备化, 并用 G_v 表示其绝对 Galois 群. 在式 (3.2) 中, 我们用 $\mathbf{Q}_v$ 代替 $\mathbf{Q}$, 并用 G_v 代替 $G_{\mathbf{Q}}$, 就得到一个与该式完全对应的局部化正合序列, 以及一个显然的限制映射 $r_{v,k}$: $H^1(G_{\mathbf{Q}}, E_{p^k}) \to H^1(G_v, E_{p^k})$. 我们定义 Sel $(E_{p^k}/\mathbf{Q})$ 为一个点集, 其中包含所有 $z \in H^1(G_{\mathbf{Q}}, E_{p^k})$, 满足对于 $\mathbf{Q}$ 的所有位 (place) v, 有 $r_{v,k}(z) \in E(\mathbf{Q}_v)/p^kE(\mathbf{Q}_v)$. 这里 “Sel” 用以表示对挪威数学家 Ernst Selmer 的敬意, 他系统整理了由 Fermat, Mordell, Weil 等数学家开创的早期工作. 我

们显然有正合序列

$$0 \to E(\mathbf{Q})/p^kE(\mathbf{Q}) \to \mathrm{Sel}(E_{p^k}/\mathbf{Q}) \to (\text{Ш}(E/\mathbf{Q}))_{p^k} \to 0, \qquad (3.3)$$

这里

$$\text{Ш}(E/\mathbf{Q}) = \mathrm{Ker}(H^1(G_{\mathbf{Q}}, E(\overline{\mathbf{Q}})) \to \prod_v H^1(G_v, E(\overline{\mathbf{Q}_v}))$$

是 $E/\mathbf{Q}$ 的 Tate-Shafarevich 群. 然后运用代数数论的经典方法可证明:

定理 3.2 对于所有的素数 p 和所有的整数 $k \geqslant 1$, $\mathrm{Sel}(E_{p^k}/\mathbf{Q})$ 是一个有限群, 并能通过理论算法 (theoretical algorithm) 有效确定.

需要强调的是, 定理中所说的"理论算法"当 $p^k > 5$ 时在数值例子中几乎不使用. 但就式 (3.3) 来说, 这一结果确实在理论上证明了, 对于所有的素数 p 和整数 $k \geqslant 1$, $E(\mathbf{Q})/p^kE(\mathbf{Q})$ 是有限的, 并且 $(\text{Ш}(E/\mathbf{Q}))_{p^k}$ 也是有限的; 但它并没有告诉我们, 各部分有多大. 传统的数论专家试图用所谓的"更高下降" (higher descent) 方法来克服这一困难. 对每个 $k \geqslant 1$, 通过乘以 p^{k-1} 来定义从 E_{p^k} 到 E_p 上的 $G_{\mathbf{Q}}$ 同态映射; 而这又给出同态映射 $d_{p,k}$: $\mathrm{Sel}(E_{p^k}/\mathbf{Q}) \to \mathrm{Sel}(E_p/\mathbf{Q})$. 令 $\mathrm{Sel}_{p,k}(E/\mathbf{Q}) = d_{p,k}$ 的像, 易见有正合序列

$$0 \to E(\mathbf{Q})/pE(\mathbf{Q}) \to \mathrm{Sel}_{p,k}(E/\mathbf{Q}) \to p^{k-1}(\text{Ш}(E/\mathbf{Q}))_{p^k} \to 0,$$

在这里, 子群下降序列 $\mathrm{Sel}_{p,k}(E/\mathbf{Q})$ $(k = 1, 2, \cdots)$ 仍然全部是可以有效计算的. 于是能找到整数 $k \geqslant 1$, 使得 $\mathrm{Sel}_{p,k}(E/\mathbf{Q}) = E(\mathbf{Q})/pE(\mathbf{Q})$ 当且仅当 $\text{Ш}(E/\mathbf{Q})$ 的 p 素子群 $\text{Ш}(E/\mathbf{Q})(p)$ 是有限的. 在此我们遇到了至今尚未破解的数论最神秘问题之一: 如何证明, 对于每个椭圆曲线 $E/\mathbf{Q}$, 至少存在一个素数 p, 使得 $\text{Ш}(E/\mathbf{Q})(p)$ 是有限的? 即使能证明它的一个较弱的断言, 都会给算术几何中一些未解决的最重要问题带来深刻启发. 不过, 长期以来有一个强得多的猜想:

猜想 3.3 对于所有的椭圆曲线 E, $\text{Ш}(E/\mathbf{Q})$ 是有限的.

迄今为止, 关于 Tate-Shafarevich 群唯一已被证明的一般性结果, 是以下定理:

定理 3.4 (Cassels) 如果 $\text{Ш}(E/\mathbf{Q})$ 是有限的, 则其阶一定是一个完全平方数.

这条定理的发现, 对于我们接下来要讨论的解析猜想的形成有重要影响.

让我们回顾一下, 令人吃惊的是, 自从 Dirichlet 证明了他那个关于虚域理想类群之阶的奇妙精确公式, 大约 120 年后, 数论专家才发现与其准确对

应的、关于 $\mathbf{Q}$ 上椭圆曲线的公式猜想. 这就是 Birch 和 Swinnerton-Dyer 在 20 世纪 60 年代早期的重大发现, 它是通过在剑桥大学早期 EDSAC 计算机上进行的一系列漂亮的数值实验得到的. 我们现在固定任一个形如式 (3.1) 的 $E/\mathbf{Q}$ 上的方程, 它在其判别式 Δ 的绝对值尽可能小的意义下是极小的. 对于每个素数 p, 定义整数 N_p 使得 $N_p - 1$ 是方程 (3.1) 的同余模 p 解的个数. $E/\mathbf{Q}$ 的复 L 级数则定义为 Euler 乘积:

$$L(E,s) = \prod_{p|\Delta}(1 - t_p p^{-s})^{-1} \prod_{(p,\Delta)=1}(1 - t_p p^{-s} + p^{1-2s})^{-1}, \tag{3.4}$$

其中 $t_p = p + 1 - N_p$. 这个 Euler 乘积在 $R(s) > 3/2$ 半平面上收敛. 而在 Birch 和 Swinnerton-Dyer 开展他们的研究时, 人们 (通过 Eisenstein, Kronecker 和 Deuring 的工作) 只知道带复乘 (complex multiplication) 椭圆曲线的整解析延拓和函数方程, 即 $\mathrm{End}_{\mathbf{C}}(E)$ 为虚二次域 K 上一个 "序" (an order) 的椭圆曲线 E, 特别是, 方程 (2.4) 所定义的曲线 C^N 属于此类. 今天, 由于 Andrew Wiles 和其他多名数学家的深刻工作 [1], 我们已知道 $\mathbf{Q}$ 上所有的椭圆曲线 E, 在 $s \to 2 - s$ 变换下的解析延拓和函数方程. 这些工作终于也证明了 Fermat 猜想, 即对于所有 $n \geqslant 3$ 的整数, 方程 (2.4) 没有满足 x, y, z 为整数且 $xyz \neq 0$ 的解.

现在令 g_E 表示有限生成 Abel 群 $E(\mathbf{Q})$ 的秩.

猜想 3.5 (Birch and Swinnerton-Dyer) *$L(E,s)$ 在零点 $s=1$ 上的阶正好是 g_E.*

特别是, 此猜想预言: 如果 $L(E,1) \neq 0$, 则 $E(\mathbf{Q})$ 一定是有限的. 而这一预言如今已得到证实, 其证明思路来源于岩泽健吉对 Kummer 关于分圆域工作的漂亮推广, 对此我们会在第三讲中讨论. 再有, Kolyvagin 和 Rubin 证明了, 当 $L(E,1) \neq 0$ 时, $\text{Ш}(E/\mathbf{Q})$ 是有限的. 而这让我们得到 Birch 和 Swinnerton-Dyer 所猜想的关于 $\text{Ш}(E/\mathbf{Q})$ 的阶的精确公式的首个关键例子. 令 $\omega_E = dx/(2y + a_1 x + a_3)$ 为方程 (3.1) 的典型全纯微分, 并令 Ω_E 表示 ω_E 的最小正实周期. 已知 Ω_E 是有理数.

猜想 3.6 (Birch and Swinnerton-Dyer) *如果 $L(E,1) \neq 0$, 则有*

$$\#(\text{Ш}(E/\mathbf{Q})) = \frac{L(E,1)}{\Omega_E} \times \frac{\#(E(\mathbf{Q}))^2}{t_E}, \text{这里 } t_E = c_\infty(E)\prod_{p|\Delta} c_p(E). \tag{3.5}$$

其中多摩川 (Tamagawa) 因子 $c_v(E)$ 被定义为: 如果 $v = \infty$, 则 $c_\infty(E)$ 是 $E(\mathbf{R})$ 的连通分支的个数; 如果 $v = p$ 是一个整除最小方程式 (3.1) 的判别式 Δ 的有限素数, 则我们有 $c_p(E) = [E(\mathbf{Q}_p){:}\ E_0(\mathbf{Q}_p)]$, 其中 $E_0(\mathbf{Q}_p)$ 是

由 $\mathbf{F}_p$ 上曲线的非奇异点构成的子群, 这些点通过求方程 (3.1) 的模 p 解而获得. 更一般地, Birch 和 Swinnerton-Dyer 也曾利用关于所有椭圆曲线 $E/\mathbf{Q}$ 在点 $s=1$ 的 $L(E,s)$ 的 Taylor 级数展开的首项, 给出 $\text{Ш}(E/\mathbf{Q})$ 的阶的精准公式猜想. 不过这一公式包含了当 $g_E \geqslant 1$ 时 E 上的典范高度 (canonical height)H 中的调整子 (regulator) 项. 我们还要强调的是, 迄今为止我们甚至对一条 $g_E \geqslant 2$ 的椭圆曲线 E, 都没有证明其 $\text{Ш}(E/\mathbf{Q})$ 是有限的. 从数值上来看, 已经对非常多的椭圆曲线 E 所对应方程式 (3.5) 的右边项做了计算, 令人高兴的是, 所得结果均为整数平方, 与 Cassels 定理一致.

作为这一讲的结尾, 我们简短提一下由 Birch 与 Tate 提出的关于算术几何另一个精确公式的猜想. 这一公式的有趣之处在于, 它有可能在以 Dirichlet, Kummer 和岩泽健吉的理论为一方, 以 BSD 猜想为另一方之间建立桥梁. 令 $\mathbf{J}$ 为任意数域, $\mathbf{J}^\times$ 表示 $\mathbf{J}$ 的乘法群. $\mathbf{J}$ 的 Milnor K_2 定义为

$$K_2\mathbf{J} = \mathbf{J}^\times \otimes_{\mathbf{Z}} \mathbf{J}^\times / W,$$

其中 W 是由所有形如 $a \otimes b$ (满足 $a+b=1$) 的元素生成的张量积子群. 设 v 是 $\mathbf{J}$ 带有剩余域 j_v 的任一离散赋值, 公式

$$\lambda_v(a,b) = (-1)^{v(a)v(b)} a^{v(b)}/b^{v(a)} \text{的剩余类}$$

定义了一个同态 $\lambda_v\colon K_2\mathbf{J}_v \to j_v^\times$, 称为在 v 处的驯顺符号 (tame symbol). 现假设 $\mathbf{J}$ 是 $\mathbf{Q}$ 的有限扩张, 并令 $\phi_J\colon K_2\mathbf{J} \to \prod\limits_v j_v^\times$ 为由 $\mathbf{J}$ 的所有有限赋值 v 的驯顺符号所给出的映射. 则 $R_2\mathbf{J}$ 的驯顺核 (tame kernel) 被定义为映射 ϕ_J 的核. 根据 Garland 运用微分几何方法得到的一个深刻定理, $R_2\mathbf{J}$ 是有限群. 我们回忆一下, 数域 $\mathbf{J}$ 被称为 "全实的" (totally real), 如果 $\mathbf{C}$ 中 $\mathbf{J}$ 的每个嵌入映射都把 $\mathbf{J}$ 映入 $\mathbf{R}$. 设 $\mathbf{J}$ 是任一数域, 我们记得其由 Euler 乘积定义在 $\mathbf{R}(s)>1$ 上的复 ζ 函数 $\zeta(\mathbf{J},s)$ 为

$$\zeta(\mathbf{J},s) = \prod_v (1-(Nv)^{-s})^{-1},$$

这里 v 跑遍 $\mathbf{J}$ 所有的有限位, Nv 表示 v 的剩余域 j_v 的基数 (cardinality). 于是 $\zeta(\mathbf{J},s)$ 在整个复平面上有一个以 $s=1$ 为单极点的亚纯延拓. 并且 $\zeta(\mathbf{J},s)$ 满足一个与其在 s 和 $1-s$ 点上取值有关的简单函数方程. 特别是, 这个函数方程表明, 当 $\mathbf{J}$ 为全实数域时, 则对所有的正奇数 n, 有 $\zeta(\mathbf{J},-n)\neq 0$; Klingen 和 Siegel 则证明, 它们都取有理数. 定义 $\omega_2(\mathbf{J})$ 为最大的正整数 m, 使得通过在 $\mathbf{J}$ 中添加 m 次根而得到的扩展域具有这样的 Galois 群, 它被 2 所零化 (annihilated).

猜想 3.7 (Birch and Tate) *对于所有的全实数域 $\mathbf{J}$, 驯顺核 $R_2\mathbf{J}$ 的阶等于 $\omega_2(\mathbf{J})\zeta(\mathbf{J},-1)$ 的绝对值.*

如我们在第三讲中将要解释的，由岩泽健吉对 Kummer 理论的漂亮推广而产生的岩泽理论，确实能让我们同时证明较弱形式的猜想 3.6 和猜想 3.7——更准确地说，我们能证明，这些猜想的 p 部分对于所有充分大的素数 p 成立 (事实上，猜想 3.7 的 p 部分对于所有的奇素数 p 成立). 然而，我们还需强调的是，这些猜想对于一些例外小素数的 p 部分，往往是数论经典问题研究中最令人感兴趣的内容.

4. 第三讲

令 p 为任一素数，$\mathbf{F}_\infty$ 为在 $\mathbf{Q}$ 中添加所有的 p 幂单位根而得到的扩展域，$\mathfrak{F}_\infty$ 为 $\mathbf{F}_\infty$ 的极大实子域. 由于岩泽健吉的伟大发现 (见文献 [2, 3])，我们知道，Riemann zeta 函数的 p 进版 (这个 p 进版的存在性早先已由 Leopoldt 和久保田 (Kubota) 证明) 与以下的 Galois 群有着重要的联系:

$$X_\infty = \mathrm{Gal}(M_\infty/\mathfrak{F}_\infty), \tag{4.1}$$

此处 M_∞ 表示 $\mathfrak{F}_\infty$ 的极大阿贝尔 p 扩张，这个扩张在 p 以上的素数和 ∞ 以外是非分歧的. 特别地，这个对于分圆域上算术的洞见，让我们首次获得关于 zeta 函数特殊值 $\zeta(-n)$ $(n=1,3,\cdots)$ 的算术解释，而由于 Tate 的工作 [6]，这个解释被归结为 $n=1$ 时关于 $\mathbf{Q}$ 的 Birch-Tate 猜想. 它还为 Kummer 关于正则奇素数的判别标准 (定理 2.2) 提供了一个简单的概念解释. 并且人们很快就清楚，岩泽健吉的重要发现应该可以被推广到非常一般的情况，而这样的推广将提供解决关于所有全实数域的 Birch-Tate 猜想的一条路径，还能帮助研究关于 $\mathbf{Q}$ 上椭圆曲线的 BSD 猜想中的一些关键例子. 这些早年的期望已导致大量的后续工作.

我们首先简单介绍岩泽健吉在文献 [3] 中所给出的，关于 Riemann zeta 函数 p 进版的崭新构造. 该文献基于较初等的、与传统的 Stickelberger 理想有关的理论方法，而岩泽健吉实际上是通过他早先在文献 [2] 中对一个与 Galois 群 X_∞ 密切关联的对象——我们仅在本讲的第二部分讨论它——的深刻研究，才得到他的构造. 令

$$G = \mathrm{Gal}(\mathfrak{F}_\infty/\mathbf{Q}). \tag{4.2}$$

由于 p 幂分圆方程的不可约性，$\mathrm{Gal}(\mathbf{F}_\infty/\mathbf{Q})$ 对由所有的 p 幂单位根组成的群之作用给出了一个同构 $\chi\colon \mathrm{Gal}(\mathbf{F}_\infty/\mathbf{Q}) \to \mathbf{Z}_p^\times$，我们称其为分圆特征 (cyclotomic character). 特别地，对于每个偶数 k，χ^k 会是 G 的特征. 岩泽健吉认识到，拓扑 $\mathbf{Z}_p$ 代数

$$\Lambda(G) = \varprojlim_U \mathbf{Z}_p[G/U] \tag{4.3}$$

发挥了基本作用, 其中 U 跑遍 G 的所有开子群, $\mathbf{Z}_p[G/U]$ 则是有限群 G/U 的 $\mathbf{Z}_p$ 群环. 事实上很容易看到, 我们可以把 $\Lambda(G)$ 当作 G 上 $\mathbf{Z}_p$ 值测度的代数. 设 f 是取值于 $\mathbf{Q}_p$ 的 G 上连续赋值函数, 我们把 f 对于 $\Lambda(G)$ 的元素 μ 的积分写成 $\int_G f d\mu$. 考虑到复 Riemann zeta 函数 $\zeta(s)$ 的 p 进版 ζ_p 也在 $s=1$ 上有一个极点, 我们把 G 上的伪测度 (pseudo-measure) 定义为 $\Lambda(G)$ 上分式环的任一元素 μ, 满足对于所有的 $\sigma \in G$, 有 $(\sigma-1)\mu \in \Lambda(G)$.

定理 4.1 (岩泽健吉) *G 上存在唯一的伪测度 ζ_p, 使得对于所有的偶数 $k \geqslant 2$,*

$$\int_G \chi^k d\zeta_p = (1-p^{k-1})\zeta(1-k). \tag{4.4}$$

当然, 我们从复 zeta 函数的函数方程得知, 对于所有的偶数 $k \geqslant 2$, $\zeta(1-k) \neq 0$. 当 p 是非正则素数时, p 进版的 zeta 函数总会有 p 进零点, 但迄今为止我们对 ζ_p 可能会有怎样的零点一无所知, 甚至连猜想都没有.

为简化记号, 从现在起我们假设 p 是一个奇素数. 同前, 令 ρ 表示 p 次单位原根. 始于 Kummer 的关于分圆域早期的研究大多围绕数域 $F=\mathbf{Q}(\rho)$ 及其最大实数域 $\mathfrak{F}=\mathbf{Q}(\rho+\rho^{-1})$ 上的算术, 岩泽健吉则首先认识到, 如果转向研究无限层次之域 $F_\infty/\mathbf{Q}$ 和 $\mathfrak{F}_\infty/\mathbf{Q}$ 上的算术, 将获得全新的视野. 对于任一整数 $n \geqslant 0$, 令 ρ_n 表示一个 p^{n+1} 次单位原根, 并定义

$$F_n = \mathbf{Q}(\rho_n), \quad \mathfrak{F}_n = \mathbf{Q}(\rho_n + \rho_n^{-1}). \tag{4.5}$$

令 e 为 $\bmod p$ 的原根, 满足 $e^{p-1} \not\equiv 1 \bmod p^2$; 则对所有的整数 $n \geqslant 0$, e 是 $\bmod p^{n+1}$ 的原根. 易见

$$c_n = \frac{\rho_n^{-e/2} - \rho_n^{e/2}}{\rho_n^{-1/2} - \rho_n^{1/2}} \tag{4.6}$$

属于 $\mathfrak{F}$, 且为该域的整环的一个单位. 我们定义 $\mathfrak{F}_n$ 的分圆单位 (cyclotomic unit) 群 D_n, 为由 -1 和式 (4.6) 的元素所有对偶在 Galois 群 $\mathfrak{F}_n/\mathbf{Q}$ 作用下生成的 $\mathfrak{F}_n^\times$ 的子群. 现在 p 在域中全分歧, 我们用 $\mathfrak{p}_n$ 表示 $\mathfrak{F}_n$ 中在 p 之上唯一的素数, 并用 Φ_n 表示 $\mathfrak{F}_n$ 在 $\mathfrak{p}_n$ 上的完备化. 令 U_n 表示由 Φ_n 的整环中 $\equiv 1 \bmod \mathfrak{p}_n$ 的单位形成的子群, 然后定义 C_n 为由 D_n 中满足 $\equiv 1 \bmod \mathfrak{p}_n$ 的元素形成的子群, 并令 $\overline{C}_n$ 表示 C_n 在 U_n 中的像在 $\mathfrak{p}_n$ 进拓扑中的闭包 (或等价地说, $\overline{C}_n$ 是由 C_n 在 U_n 中的像生成的 $\mathbf{Z}_p$ 子模). 现在, 对于所有的 $m \geqslant n$, $\mathfrak{F}_m$(或 Φ_m) 是 $\mathfrak{F}_n$(或 Φ_n) 的一个次数为 p^{m-n} 的 Galois 扩张, 我们则用 $N_{m,n}$ 表示相应的整体 (或局部) 范映射 (norm map). 于是 Φ_m/Φ_n 为一个全分歧的循环扩张, 而 $N_{m,n}(U_m)=U_n$. 并且 $N_{m,n}(\overline{C}_m)=\overline{C}_n$, 因为

$N_{m,n}(c_m) = c_n$. 取范映射的射影极限, 我们有

$$U_\infty = \varprojlim_n U_n, \quad \overline{C}_\infty = \varprojlim_n \overline{C}_n. \tag{4.7}$$

现在, 由于 $\overline{C}_n \subset U_n$ 均为 $\mathbf{Z}_p$ 模, 且在 $\mathrm{Gal}(\Phi_n/\mathbf{Q}_p) = \mathrm{Gal}(\mathfrak{F}_n/\mathbf{Q})$ 作用下稳定, 易见 $\overline{C}_\infty$ 是 $\Lambda(G)$ 模 U_∞ 的 $\Lambda(G)$ 子模, 于是 $U_\infty/\overline{C}_\infty$ 有一个作为 $\Lambda(G)$ 模的自然结构. 现有一个扩映射 (augmentation map) $\Lambda(G) \to \mathbf{Z}_p$, 我们定义 $I(G)$ 为它的核. 由于 ζ_p 是伪测度, 我们有 $\zeta_p I(G) \subset \Lambda(G)$.

定理 4.2 (岩泽健吉) 对于所有的素数 p, $U_\infty/\overline{C}_\infty$ 作为 $\Lambda(G)$ 模正则同构于 $\Lambda(G)/\zeta_p I(G)$.

岩泽健吉原来的定理证明极为巧妙, 依赖于神秘地选出域 $\mathfrak{F}_\infty$ 中的元素. 为了把这个定理推广到带复乘的椭圆曲线, Wiles 和我发现了一个简单得多的证明, 它基于这样一个简单的事实,

$$g_e(T) = \frac{(1+T)^{-e/2} - (1+T)^{e/2}}{(1+T)^{-1/2} - (1+T)^{1/2}}$$

作为 $\mathbf{Z}_p[[T]]$ 中的形式幂级数具有这样的性质: 对所有的整数 $n \geqslant 0$, $g_e(\rho_n - 1) = c_n$. 我们认识到, 此性质可更一般化: 对于 U_∞ 中任一 $u_\infty = (u_n)$, 存在 $\mathbf{Z}_p[[T]]$ 中一个形式幂级数 $g_{u_\infty}(T)$, 使得对所有的 $n \geqslant 0$, $g_{u_\infty}(\rho_n - 1) = u_n$. 于是有可能利用这些幂级数, 给出定理 4.2 的一个更简单证明, 并可将它推广到带复乘的椭圆曲线上 [7]. Coleman 那时是剑桥大学的一名硕士研究生, 他很快发现关于这些插值形式幂级数 $g_{u_\infty}(T)$ 存在性的一个更加漂亮的证明, 它对于推广到由任意 Lubin-Tate 形式群导出的局部除塔 (local division tower) 也成立 [9].

从岩泽健吉所发现的定理 4.2 而产生的关于算术几何的研究规模之大、范围之广, 无论怎样说都不过分. 在此有限时间内我们只能略讲几个早期成果. 首先, 在分圆域理论中, 人们真正需要解决的诸如 Birch-Tate 猜想之类的问题, 是不涉及分圆单位的定理 4.2 之类比. 对每个 $n \geqslant 0$, 令 $\mathfrak{E}_n$ 表示 $\mathfrak{F}_m$ 的整体单位群 (the group of global units), 满足 $\equiv 1 \bmod \mathfrak{p}_n$; 并令 $\overline{\mathfrak{E}}_n$ 为 $\mathfrak{E}_n$ 在 $\mathfrak{p}_n$ 进拓扑下在 U_n 中像的闭包. 再定义 $\overline{\mathfrak{E}}_\infty$ 为 $\overline{\mathfrak{E}}_n$ 关于范映射的射影极限. 同样地, 令 $\mathfrak{A}_n$ 表示 $\mathfrak{F}_m$ 的理想类群的 p 素子群, 并令 $\mathfrak{A}_\infty = \varprojlim_n \mathfrak{A}_n$, 其中射影极限是关于范映射的. 记得 X_∞ 是由式 (4.1) 定义的 Galois 群. 由 Artin 的整体互逆律 (global reciprocity law), 我们有正合序列

$$0 \to U_\infty/\overline{\mathfrak{E}}_\infty \to X_\infty \to \mathfrak{A}_\infty \to 0. \tag{4.8}$$

现在, $G = \mathrm{Gal}(\mathfrak{F}_\infty/\mathfrak{F})$ 对正合序列 (4.8) 中所有的群有一个自然的作用 (G 对 X_∞ 的自然作用来自这样的事实: M_∞ 对于 $\mathbf{Q}$ 是 Galois 的, 故 G 将通过

提升内自同构来作用). 易见, 这个 G 作用通过线性和连续性能扩展为对整个岩泽代数 $\Lambda(G)$ 的作用. 当 $\mathfrak{F}$ 的类数与 p 互素时 (这对于所有 $p < 12 \times 10^6$ 的素数都成立, 至今尚未发现反例), 我们有 $\mathfrak{A}_\infty = 0$ 以及 $\overline{\mathfrak{E}}_\infty = \overline{C}_\infty$, 于是有 $X_\infty = U_\infty/\overline{C}_\infty$. 于是很自然地要问, 是否存在没有 "$\mathfrak{F}$ 的类数与 p 互素" 的假设而类比于定理 4.2 的结果? 这首先被 Mazur-Wiles 所证明 [10]. 当 $p = 2$ 时, 我们有 $X(F_\infty) = 0$. 当 p 是奇数, 岩泽健吉 [4] 已经证明 X_∞ 是有限生成 $\Lambda(G)$ 扭模, 从而根据这类模的一般代数结构理论知道, 存在一个 $\Lambda(G)$ 模的正合序列:

$$0 \to \sum_{i=1}^{r} \Lambda(G)/f_i\Lambda(G) \to X_\infty \to W \to 0,$$

其中 W 是有限 $\Lambda(G)$ 模, $f_1, \cdots, f_r$ 是 $\Lambda(G)$ 中非零除子. 于是我们定义 $ch_G(X_\infty) = f_1 \cdots f_r\Lambda(G)$.

定理 4.3 (Mazur-Wiles) 对于所有的奇素数 p, 我们有 $ch_G(X_\infty) = \zeta_p I(G)$.

此定理最简单的应用就是关于奇素数 p 的 Kummer 判别标准. 事实上, 一方面岩泽健吉已证明, 如果 X_∞ 是有限的则必有 $X_\infty = 0$; 而另一方面很容易看出, 说 "p 不能整除分数 $\zeta(-1), \zeta(-3), \cdots, \zeta(4-p)$ 中任何一个分子" 等价于断言 $\zeta_p I(G) = \Lambda(G)$.

为了解决关于任意全实数域 $\mathbf{J}$ 的 Birch-Tate 猜想, 我们需要关于 $\mathbf{J}$ 与 $\mathfrak{J}_\infty$ (通过在 $\mathbf{J}$ 中添加所有 p 幂次单位根而得到的域之极大实子域) 之间联系的定理 4.3 的类比. 在此一般情况下构造一个作为 $G_J = \mathrm{Gal}(\mathfrak{J}_\infty/\mathbf{J})$ 上伪测度的 p 进 zeta 函数, 并满足类似于定理 4.2 的性质, 这一工作已由 Cassou-Nougues 和 Deligne-Ribet 各自独立完成. 令 $M_{\infty,\mathbf{J}}$ 为 $\mathfrak{J}_\infty$ 的极大阿贝尔 p 扩张, 它在 p 以上的素数和 ∞ 以外是非分歧的, 并定义

$$X_{\infty,J} = \mathrm{Gal}(M_{\infty,J}/\mathfrak{J}_\infty).$$

则 $X_{\infty,J}$ 作为 G_J 的岩泽代数 $\Lambda(G_J)$ 上的一个模, 有其自然的结构. Wiles 的深刻工作 [11] 为 $X_{\infty,J}$ 建立了定理 4.3 的精确类比. 这个定理 4.3 之类比的一项成果, 就是关于 $\mathbf{J}$ 和所有奇素数的 Birch-Tate 猜想之 p 部分的证明. 其实从岩泽健吉 [4] 和 Tate [6] 的工作容易得到, 对于所有的奇素数 p, $R_2\mathbf{J}$ 的 p 素子群的对偶同构于模 $X_{\infty,J}(-2)$ 的 G_J 协不变量群; 这里 $X_{\infty,J}(-2)$ 是指 G_J 对 $X_{\infty,J}$ 的自然作用被扭曲至 (twisted to) χ_J^{-2} (域 $\mathbf{J}$ 的 p 分圆特征). 有了这些, 则从关于 $\mathbf{J}$ 的定理 4.2 之类比推出 Birch-Tate 猜想的 p 部分只是一个练习. 不过据我所知, 要给出关于全实的 $\mathbf{J}$ 的 Birch-Tate 猜想的素数 2 部分的详尽证明, 仍存在技术上的困难. 至于椭圆曲线 $E/\mathbf{Q}$, 已经知道如何为所有充

分大素数 p 的潜在常约化 (potentially ordinary reduction) 证明定理 4.3 之精确类比. 不过, 那些可能会使 E 具有潜在超奇性 (potentially supersingular) 约化的素数 p 让岩泽理论产生了新的研究课题, 关于这些我们已没有时间讨论. 作为关于椭圆曲线的这一大堆研究工作的成果, 当 $L(E,1) \neq 0$ 时, 我们现在已经知道如何对于充分大的素数 p 证明猜想 3.6 的 p 部分; Rubin [12] 证明了 E 带有复乘时的情况, 而 Kato [5] 等人则证明了 E 不带有复乘时的情况. 非常希望数论专家们在不久的将来能够处理关于 E 的小素数的岩泽理论中的许多有趣问题, 并最后给出 $L(E,1) \neq 0$ 情况下猜想 3.6 的完全证明.

参考文献

[1] G. Cornell, J. Silverman, G. Stevens, Modular Forms and Fermat's Last Theorem, Springer, New York, 1997.

[2] K. Iwasawa, On some modules in the theory of cyclotomic fields, J. Math. Soc. Japan, 16, 42–82, 1964.

[3] K. Iwasawa, On p-adic L-functions, Ann. Math. 89, 198–205, 1969.

[4] K. Iwasawa, On $\mathbf{Z}_l$-extensions of algebraic number fields, Ann. Math. 98, 246–326, 1973.

[5] K. Kato, Euler systems, Iwasawa theory, and Selmer groups, Kodai Math. J. 22, 313–372, 1999.

[6] J. Tate, Letter from Tate to Iwasawa on the relation between K_2 and Galois cohomology, Algebraic K-theory II, Springer Lecture Notes, 342, 524–527, Berlin, 1973.

[7] J. Coates, A. Wiles, On p-adic L-functions and elliptic units, J. Australian Math. Soc. 26, 1–25, 1978.

[8] J. Coates, On K_2- and some classical conjectures in algebraic number theory, Ann. Math. 95, 99–116, 1972.

[9] R. Coleman, Division values in local fields, Invent. Math. 53, 91–116, 1979.

[10] B. Mazur, A. Wiles, Class fields of abelian extensions of $\mathbf{Q}$, Invent. Math. 76, 179–330, 1984.

[11] A. Wiles, The Iwasawa conjecture for totally real fields, Ann. Math. 131, 493–540, 1990.

[12] K. Rubin, The main conjectures of Iwasawa theory for imaginary quadratic fields, Invent. Math. 103, 25–68, 1991.

编者按: 本文译自作者在 2019 年第十届清华三亚国际数学论坛——首届当代数学史大师讲座上演讲的全文.

Lie 理论: 从 Lie 到 Borel 和 Weil

Wilfried Schmid

译者: 王善平

Wilfried Schmid (1943—) 是哈佛大学数学系 Dwight Parker Robinson 讲座教授, 美国艺术与科学院院士. 1986 年荣获法国 Scientifique de l' UAP 大奖. 曾担任哈佛大学数学系主任、麻省教育部数学顾问. 主要研究霍奇理论、表示论和自守形式.

1913 年, Hermann Weyl 出版了专著《黎曼面的概念》(Die Idee der Riemannschen Fläche) [27], 其中首次引入了 "流形" (manifold) 的概念. 在世纪交替之际, Poincaré 已经确立了拓扑学的基本概念 ("位置分析" (analysis situs)), 而 Weyl 大量使用了这些概念. 在此书中, Weyl 专门研究黎曼面——也就是所谓的一维复流形——但他也给出了流形的其他各种例子, 如 Möbius 带.

Lie 在 1874—1893 年间发展了 Lie 群的概念——他称之为 "变换群" (Transformationsgruppen) [15], 比 Weyl 的流形定义早很多. 他是怎么做到的?

在回答这个问题之前, 我要简单回顾一下 Lie 的经历. 他在奥斯陆 (Oslo) (当时叫克里斯蒂娜 (Kristiana)) 大学学习时, 并没有特别感兴趣的研究方向, 直到毕业. 然后于 1869 年, 在 *Crelle* 杂志上发表了第一篇数学论文. 在获得了一笔慷慨的游学奖学金后, 他来到柏林大学, 在那里遇见 Felix Klein, 并和他成为好朋友. 你几乎可以说, Klein 和 Lie 之后刻意规划了 (consciously mapped out) 他们的研究计划——两人都视 "群" 为研究微分方程和几何的强有力的工具. Lie 回到奥斯陆大学做教授, Klein 则成为埃尔朗根大学的教授, 然后又去莱比锡大学, 最后来到哥廷根大学. Lie 于 1886 年接替了 Klein 在莱比锡大学的职位. 三年前, Klein 的学生 Friedrich Engel (1861—1941) 成为 Lie 的 "助手" (Assistent)——这在德国是一个初级研究职称, 大致相当于如今美国的 "助理教授", 但 "助手" 附属于一位正教授并在一定程度上听命于他. Engel 对 Lie 有相当大的影响——在 Engel 加入之后, Lie 的论文要严谨许多.

以下我主要讲述 (我们今天所称的) Lie 群的定义. Lie 当然把它们当作重要的工具, 在几何和微分方程中开发许多应用. 对于 Lie 来说, 变换群就是一对实或复的解析映射, 只是局部地定义在 $\mathbb{R}^m \times \mathbb{R}^n$ 或 $\mathbb{C}^m \times \mathbb{C}^n$ 中的开集上,

$$y = F(x, a) \quad (\text{取值于 } \mathbb{R}^m, \text{ 或 } \mathbb{C}^m),$$

带有一个复合规则 $c = \phi(a, b)$, 满足

$$\begin{aligned} F(F(x,a),b) &= F(x,c) \ \text{当} \ c = \phi(a,b), \quad \text{以及} \\ \phi(a,\phi(b,c)) &= \phi(\phi(a,b),c) \ (\text{在有定义之处}). \end{aligned} \tag{1}$$

通常, 但并不总是, 需要存在一个 "单位" 和 "逆":

$$\begin{aligned} &\phi(e,a) = \phi(a,e) = a \ \text{对每个} \ a, \ \text{且} \ F(x,e) \equiv x; \text{以及} \\ &\text{对每个} \ a, \text{存在} \ b \ \text{使得} \ \phi(a,b) = \phi(b,a) = e . \end{aligned} \tag{2}$$

用现在的术语, 你可以把这个叫作 Lie 群的 "芽" (germ), 作用在流形的 "芽" 上.

作为特例, 你可以让群通过左或右的平移 (translation) 作用于其自身——这时有 $F = \phi$. 令 $F(x, a)$ 和 $\phi(a, b)$ 同上, 所谓 "无穷小变换" (infinitesimal transformations) 就是

$$X_i = \sum_j \left. \frac{\partial \phi_j(a,b)}{\partial b_i} \right|_{b=e} \frac{\partial F}{\partial a_j}.$$

Lie 给出了 "三个基本定理". 其一是无穷小版的群的运算律, 即公式 (1). 其二是断言: X_i 的线性张成 (linear span) 对于换位 (commutators) 运算

$$[X_i, X_j] = X_i X_j - X_j X_i = \sum_k c_{i,j,k} X_k$$

是封闭的. 换句话说, 它们张成了 "Lie 代数" (这是 Weyl 的用词). Lie 的第三个定理断言: 每一组结构常数 $c_{i,j,k}$ 都满足变换群的显然条件 (斜对称, Lie 三元恒等式).

Lie 对其第三个定理的最早证明用到了一组结构常数 $c_{i,j,k}$ 的向量场

$$X_i = \sum_{j,k} c_{i,j,k} x_j \frac{\partial}{\partial x_k}$$

当 $c_{i,j,k}$ 满足三元恒等式, X_i 就在 $\mathbb{R}^m$ 上张成了一个 Lie 代数的向量场, 即 Lie 代数的伴随群 (adjoint group). 那时 Lie 没有考虑可能存在非平凡中心 (nontrivial center)——在这种情况下所构造的群并不与伴随群一致. 多年以后, 他用 Poisson 括号下的 Lie 代数函数来构造 Lie 代数, 并间接得到相应的变换群. 时至今天, 构造一给定 Lie 代数的 Lie 群并不完全是轻而易举的.

许多今天看来是显然的 Lie 群性质以及 Lie 群在流形上的作用, 在 Lie 的时代并非如此. 仅作为一个例子, Lie 群作用于自身的左平移和右平移是可交换的, 这一事实在今天是再明显不过了. 但对于 Lie 来说, 从他对 Lie 群的定义出发, 这一事实并不显然; 他把认识到这两个作用的可交换性归功于 Engel.

作为另一个例子, Lie 极力想在没有 "存在单位元" 的条件下开展研究; 而在今天看来, 这样做是没有意义的. 虽然对于 Lie 来说, "无穷小平移"X_i 所起的作用足够清晰, 但自 Hermann Weyl 引入 Lie 代数的概念后, 人们对这个作用的认识更加透彻得多.

Friedrich Schur (1856—1932; 不要与 Issai Schur 混淆, 他俩之间没有关系) 是柏林大学的 Karl Weierstrass 的学生. 我们知道, Weierstrass 也许是首位坚持数学分析推理完全严格性的著名数学家, 而且他把对严格性的坚持传给了他的学生. Schur 一开始是 Klein 在莱比锡大学的 "助手". 1889—1893 年, 在 Lie 定义了变换群的概念后不久, Schur 写了三篇论文, 都发表在 *Mathematische Annalen* 上 [23–25], 其中对变换群做了另一种严格的处理. 他的出发点是一个首先由 Lie 观察到的事实: 对 Lie 映射 $\phi(a,b)$ 的参数 a 有一个 "正则" (canonical) 选择, 它使得直线 $t \mapsto ta$ 对应于单参数子群. 用这些直线坐标, $\phi(a,b)$ 可以表示成一个在其原点邻域绝对、一致收敛的幂级数.

这个幂级数的系数是 Lie 的结构常数 $c_{i,j,k}$ 的多项式函数, 而在其他方面是通用的. 实际上, 这是变相 Baker-Campbell-Hausdorff 公式! 他也处理了 Lie 所定义的映射 $F(x,a)$ 的情况, 从而, 几乎与 Lie 同时, 严格证明了 Lie 的第三定理. Schur 也研究了变换群的可微性要求. Lie 假设了实 (或复) 的解析性, 但 Schur 注意到 C^2 可微性已足够. 这当然就是 Hilbert 第五问题的来源: 只需有局部 Euclid 性质已足够. Lie 与 Schur 在风格上的差异是很明显的. 在 Engel 为 Schur 写的悼词中, 他指出, Lie 和 Schur 对于什么事容易、什么事不容易有很不同的想法. Schur 的成就得到同时代人的认可——例如他被授予了卡尔斯鲁厄技术 (Karlsruhe) 大学荣誉博士学位——但后来他被低估了.

Killing (1847—1923) 跟 Schur 一样, 也是 Weierstrass 的学生; 在 Lie 理论的早期, 他作为 Schur 的同时代人, 在 1890 年前后写了一系列文章 [14]. 在这些文章中, 他得到了, 或接近得到, 关于 (我们今天所称为) Lie 代数的许多结构性结果: 关于 "半单性" (semisimplicity, Killing 引入了 "halbeinfach" 这个词, 即 "半单") 的判别; 把可简约 Lie 代数分解为单因子和中心; 而他迄今为止给人最深刻印象的工作是, 在 Lie 代数的概念 (并非名称) 出现没几年, 就对 $\mathbb{C}$ 上单 Lie 代数做了分类. 他的分类有一些小错误, 而且其表述也往往不很清楚; 这个对单 Lie 代数的分类是如此完全出乎人们的意料, 它不可能是被 "猜到" 的. Killing 在柏林大学获得博士学位后, 到一所中学当教师, 直到 1892 年被明斯特大学聘为教授.

如果说 Friedrich Schur 被低估了, 那么 Killing 几乎被无视. Lie 养成了在 "我的群理论" 中评论别人工作的习惯. 他对 Killing 特别蛮横: "(在 Killing 的某篇论文中), 正确的定理属于 Lie, 错误的定理属于 Killing", 以及 "……(Killing 的几篇论文) 没有包含多少正确的结果, 而已被证明的、正确的和新的定理甚至更少".

通常认为是 Élie Cartan 完成了单 Lie 代数的分类. 他确实在其论文中为 Killing 在 $\mathbb{C}$ 上的分类提供了坚实的基础, 还完成了单 Lie 代数在 $\mathbb{R}$ 上的分类——这个 Killing 完全没有做过. 但 Killing 理应得到比他以前所得多得多的承认. Killing 引入了 "根" (root) 的概念, 即特征方程

$$\det(\operatorname{ad} X - \alpha) = 0, \quad \text{这里} \quad \operatorname{ad} X(Y) = [X, Y],$$

的根, 只不过他用了 Lie 的术语来表达它. 如今, 对根的研究是理解单 Lie 代数结构的关键.

Campbell (1862—1924) 在牛津大学学习, 并在那里当上研究员和教师. 1887 年, 他发表了两篇论文, 研究现在所称的 "Baker-Campbell-Hausdorff" 公式 [5]. 其第二篇论文的开头很清楚地表述了他的想法: "如果 x, y 是两个服从通常代数规则的算子, 我们知道有 $e^y e^x = e^{y+x}$. 我提议, 当算子服从分配律和结合律但不服从交换律时, 要研究相应的定理." 他在这样做时, 把方程

$$e^Y e^X = e^Z, \quad \text{其中} \quad Z = Z(X, Y), \tag{3}$$

当作形式上的等式. 通过冗长的计算, 他用 X, Y 和重复的括号表达出 Z, 其各项系数是通用的. 他引用了 Schur 的论文, 因为他计算得到的系数跟 Schur 在证明 Lie 的第三定理中所得到的相同. 但值得注意的是, 关于其中的逻辑联系他什么也没有说. 不同于 Schur, 他没有讨论收敛的问题.

Lie 在 Lie 群研究中, 已经使用了指数级数. 但 Campbell 首先在 Lie 群研究中使用了指数 "记号" (notation). 1903 年, Campbell 发表了 "Lie 的有限连续变换群理论的导论" (Introductory treatise on Lie's theory of finite continuous transformation groups) [6], 这在把 Lie 的思想引进英语国家数学界中起了关键作用.

Poincaré (1854—1912) 对于几何中的群作用有着 "现代式" 的兴趣, 当然这只是他十分广泛的数学兴趣中的一个 [17]. 在他那个时代, 如何用适当的公理刻画物理空间的问题是数学研究的主旋律之一. 在 "关于几何的基本假设" (Sur les hypothèses fondamentales de la géométrie") (1887) [18] 一文中, 他对此问题的处理是基于他所观察到的事实, 即在 Euclid 平面上, 双曲线和椭圆有一个共同特点: 它们的运动群平移地作用, 并带有一维迷向群 (isotropy groups). 他使用了 Lie 的无穷小方法, 但遭到 Lie 的批评——措辞

异常温和——指出他不知道 Lie 自己对三维变换群在平面上 (当然是局部的) 群作用的分类. 他一直等到 1899 年 Lie 去世后, 才开始撰文讨论 Lie 意义下的 “变换群”, 这也许不是巧合.

1899 年, 大约在 Lie 逝世前后, Poincaré 公布了证明 Lie 的第三定理 (给定其 “无穷小群” 后, “变换群” 的存在性) 的梗概 [19]. 几个月之后, 证明的细节发表在献给 Stokes 的论文中 [20]. 那时他已了解到 Friedrich Schur 和 Campbell 的早期工作: 他引用了他们的工作, 并评介了其中的重合部分. 实际上, 他引进了现在所称的 “通用包络代数” (universal enveloping algebra), 以指那个由所讨论群的 “无穷小变换群” (即 Lie 代数) 生成元的所有非交换形式乘积所张成, 并以所有的生成元 X, Y 的关系式

$$XY - YX - [X,Y] = 0 \tag{4}$$

为模, 而形成的代数. 反复使用等式 (4), 使得任何非交换多项式都等价于这样的多项式, 其齐次项是变量对称的.

Poincaré-Birkhoff-Witt 定理的要点是断言不存在 “隐藏的关系”, 或用现在的术语来说, 所讨论的 Lie 代数的相伴分次代数同构于对称代数. 他的证明很复杂, 而且有很多东西没有说清楚. 不过, 如果你研究一下三次 Lie 多项式的情况, 就会理解他的想法. Poincaré 的证明似乎被遗忘了近 40 年. 1937 年, Garrett Birkhoff [2] 和 Ernst Witt [29] 独立发表了最一般条件下的证明——对可能是无限维的 Lie 代数, 以及在任何特征的基域上. 只有 Cartan-Eilenberg 关于同调代数的著作, 才把 Poincaré 的名字加在了这条定理上. 对于 Poincaré 来说, 这个结果并非只是一个代数习题, 而是要用它来解释 Campbell 形式等式

$$e^Y e^X = e^Z \tag{5}$$

的意义; 毕竟在那时, 能让等式 (5) 有意义的整体 Lie 群还没有构造出来.

Poincaré-Birkhoff-Witt 定理与等式 (5) 之间有什么联系? 用符号把式 (5) 的微分形式写成

$$e^Y e^{\delta X} = e^{Y+\delta Y}, \quad 其中 \quad \delta X = \frac{1 - e^{-\operatorname{ad} Y}}{\operatorname{ad} Y} \delta Y\ ; \tag{6}$$

这里的 $\operatorname{ad} Y(Z) = [Y, Z]$ 如今是标准记号, 并且

$$\frac{1 - e^{-\operatorname{ad} Y}}{\operatorname{ad} Y} = \sum\nolimits_{n\geqslant 0} (-1)^n \frac{(\operatorname{ad} Y)^n}{(n+1)!}\ .$$

此级数显然有大于 0 的收敛半径. Poincaré 用取剩余的方法证明了 (6); 然后用 (6) 证明, 式 (5) 中右边的量是 $Z = Z(X, Y)$ 的指数表达, 其幂级数对

所有小的 X, Y 收敛. 虽然他的证明隐含了 Campbell 的系数通用公式, 但 Poincaré 对此没有进一步探究.

按照历史的顺序, Baker (1866—1956) 在剑桥大学圣约翰学院赢得奖学金, 加入那里的教师队伍, 并于 1914 年成为剑桥大学 Lowndean 天文学教授. 他最早发表的成果之一, 是 1905 年刊登在 *Proceedings of the London Mathematical Society* 上的一篇论文 "交替与连续群" (Alternants and continuous groups) [1]; "alternants" 自此成为表达 X 和 Y 的 Lie 括号 (Baker 把它写成 (X,Y)) 的术语. 在引述了 Friedrich Schur 和 Campbell 的工作之后, 他推导出关系式

$$e^X e^Y = e^Z \tag{7}$$

中 Z 的关于 X 和 Y 的显式表达——这是 Campbell (Schur 也隐含地) 做过的——但他的方法比 Campbell 的更有效、更漂亮. 那是他发表的关于 Lie 群的最后一篇论文. 在他那个时代, 他以代数几何教材的作者更为人所知.

Poincaré 自 1899 年发表了关于 Lie 第三定理、以及关于 (现在称之为) Baker-Campbell-Hausdorff 公式和 Poincaré-Birkhoff-Witt 定理的公告和详细论文后, 在 1901 年和 1908 年又发表了两篇关于变换群的论文 [21, 22]. 他的主要分析工具是剩余类运算, 以用来重新证明 Killing 的关于半单 Lie 代数根空间分解的一些结果. 更重要的是, 他试图理解关于半单 Lie 群的整体性问题, 这是在 Weyl 的流形定义问世之前. 这使得现在的读者难以看懂他的这几篇论文. 在半单的情况中, 他认识到由 Baker-Campbell-Hausdorff 公式给出的乘法公式是解析连续的. 事实上, 他把 Lie 代数当作 (如我们现在的看法) 通用覆盖群 (the universal covering group), 采用多值乘法规则, 沿着一些超平面分叉.

在他给出的几个例子中, 有一个很有教益性. 他考虑旋转群 $SO(3)$ 中围绕处于一般位置的两个轴 ℓ_X, ℓ_Y 的两个 "无穷小旋转" X, Y. 他将 X 标准化, 使得 e^X 完成 2π 角度的全旋转. 则 e^X 是 $SO(3)$ 的单位元, 但 (他认为) 它并不在 Lie 意义下的参数群 (即仿通用覆盖群 (the faux universal covering group)) 中. 由于 e^Y 表示绕轴 $e^X \ell_Y = \ell_Y$ 的一个旋转, 其角度值相同

$$e^X e^Y e^{-X} = e^Y,$$

等式成立与 Y 的取值大小无关. 但另一方面, 一般来讲 $e^Y \ell_X \neq \ell_X$, 于是在参数群中有

$$e^{-Y} e^X e^Y \neq e^X, \quad \text{所以} \quad e^X e^Y e^{-X} \neq e^Y.$$

这是一个悖论 (paradox), 但不是一个矛盾 (contradiction): 群的运算规则只在单位元附近局部地成立. 一个说得通的解释有待于对通用覆盖群的理解, 而这只有在 1913 年 Weyl 给出流形的定义之后才有可能.

Élie Cartan (1869—1951) 是农村铁匠的儿子, 1888 年进入精英荟萃的巴黎高等师范学校 (École Normale Supérieure, 简称 ENS) 学习, 1891 年毕业. 他的老师有 Hermite, Darboux, Picard, Goursat 和 Poincaré. 在服完一年的义务兵役后, 他回到 ENS 开始为期两年的研究生学习. 他在 1892 年遇见 Lie, 那时 Lie 应 Darboux 邀请正在访问巴黎. Cartan 于 1894 年获得国家博士学位 (doctorat d'État). 其学位论文的主题是用严格化的方法重做 Killing 的 $\mathbb{C}$ 上单 Lie 代数的分类工作 [7]. Cartan 先是在蒙彼利埃 (Montpellier) 大学和里昂 (Lyon) 大学任初级教员, 接着先后去南希 (Nancy) 大学和巴黎大学当教授. 陈省身是他的学生 (虽然他不是陈省身的博士导师). 1940 年退休后, Cartan 去巴黎女子高等师范学校 (École Normale Supérieure des Jeunes Filles) 讲课. 也许你们会有兴趣: Jean Pierre Serre [1926—, 法国数学家, 菲尔兹奖章获得者——译注] 的夫人 Josiane Serre 是该女子学校的最后一任校长, 随后在 1985 年巴黎高等师范学校成为男女同校的大学; 四年之后, 她又在该校做了一年的临时校长.

前面已说过, Cartan 的学位论文对复单 Lie 代数做了严格的分类. 理解一个单 Lie 代数 $\mathfrak{g}$ 的关键, 是 "Cartan 子代数"——一般元 $X \in \mathfrak{g}$ 的中心化子. Cartan 子代数是交换的, 且任意两个 Cartan 子代数在自同构群 $\mathrm{Aut}(\mathfrak{g})$ 下是共轭的. 由于 $\mathfrak{g}$ 是单的, 所以能用 Lie 的关于其 "第三基本定理" 的原始证明, 并且 $\mathfrak{g}$ 是 $\mathrm{Aut}(\mathfrak{g})$ 的 Lie 代数. 特别是, 任一 Cartan 子代数 $\mathfrak{h} \subset \mathfrak{g}$ 忠实地 (faithfully) 作用于 $\mathfrak{g}$, 且

$$\mathfrak{g} = \mathfrak{h} \oplus \left(\oplus_{\alpha\in\Phi}\ \mathfrak{g}^{\alpha}\right), \quad \text{这里} \quad \Phi \subset \mathfrak{h}^* \text{ 是根集, 且}$$

$$\text{对于 } \alpha \in \Phi, \quad \mathfrak{g}^{\alpha} = \{X \in \mathfrak{g} \mid [H, X] = <\alpha, H> \text{ 对所有的 } H \in \mathfrak{h}\}$$

是 α-根空间. 根空间是一维的, 且

$$[\mathfrak{g}^{\alpha}, \mathfrak{g}^{\beta}] = \mathfrak{g}^{\alpha+\beta}, \quad \text{如果 } \alpha+\beta \text{ 也是一个根的话.}$$

Φ 包含其 $\mathbb{Z}$-线性张成的 $\mathbb{Z}$-基, 被称作单根系 Ψ, 其中所有成员在 $\mathrm{Aut}(\mathfrak{g})$ 中 $\mathfrak{h}$ 的正规化子的作用下是共轭的.

不计共轭, Cartan 子代数 $\mathfrak{h} \subset \mathfrak{g}$ 与单根系 $\Psi \subset \Phi$ 的选择是唯一的. Ψ 的 $\mathbb{R}$-线性张成带有一个正则内积, 即 Killing 形式; 两个单根之间的可能角度为 $(n-1)\pi/n$, $n = 2, 3, 4$ 或 6, 其长度平方与角度之比可能是 1, 2 或 3. 这导致了可能的 $\mathbb{C}$ 上单 Lie 代数的分类. 这些结论的大部分在 Killing 的文章里可以找到, 只是在那里还缺少论证, 且表述含糊让人几乎看不懂. 仅举众多例子中的一个, 对于 Killing 来说, 根就是 Lie 代数 $\mathfrak{g}$ 上的多值函数, 其分支沿着 $\mathfrak{g}$ 的非半单元素集合. Cartan 不同于 Killing 之处还在于, 他实际 "构造了" (constructed) 例外 Lie 代数 (the exceptional Lie algebras), 虽然不是在他的学位论文中, 而是在 15 年之后的 1909 年 [8].

在 Cartan 之前, 所有的关于 Lie 群的证明结果都使用 Lie 的术语: 他们区分 “参数群” 及伴随的 “变换群”, 即使所研究的群是明显整体定义的, 如线性群 —— 回忆一下, Lie 群曾经被一般地定义为群的芽 (germs of groups), 作用在空间的芽 (germs of spaces) 上. 这种情况自 Weyl 在 1913 年给出流形的定义后改变了. Cartan 不再把 Lie 群看作群的芽, 而是用现代的观点看它. $\mathrm{Aut}(\mathfrak{g})^0$, 复单 Lie 代数 $\mathfrak{g}$ 的自同构群中单位元的连通分支, 有着平凡的中心. 例外单 Lie 群分类中的一个相当精巧的 (delicate) 问题, 是确定 $\mathrm{Aut}(\mathfrak{g})^0$ 的通用覆盖的中心. Cartan 在 1927 年的一篇论文中把这个问题解决了 [11].

$\mathbb{R}$ 上 Lie 代数的分类比其在 $\mathbb{C}$ 上要复杂得多. Cartan 在 1914 年研究了这个问题, 并且更重要的是, 描述了它们的结构以及相应 Lie 群的结构 [10]. Cartan 证明了, 每个连通的单实 Lie 群 G 有唯一的极大紧子群的共轭类. 极大紧子群 $K \subset G$ 是连通的, 且或者是半单的 (即单因子的直积) 或者有一个一维中心. 而且 K 的中心包含了 G 的中心. 特别是每个连通的复单 Lie 群 $G_{\mathbb{C}}$ 包含了一个连通的紧单 Lie 群 $U_{\mathbb{R}}$, 因为 $G_{\mathbb{C}}$ 可被看作实群. 于是, 不计共轭

$$G_{\mathbb{C}} \longleftrightarrow U_{\mathbb{R}}$$

建立了连通的复单 Lie 群与连通的紧单 Lie 群之间的双射.

研究连通的实单 Lie 群的一个小难点来自这样的事实: 它们不一定是线性群 (即对于某个 n 的 $GL(n,\mathbb{R})$ 的子群); $SL(2,\mathbb{R})$ 的覆盖群提供了这一现象的最简单的例子. 这个问题容易解决, 因为一个连通的、实单群的伴随群的覆盖一一对应于其极大紧子群 $K_{\mathbb{R}}$ 的覆盖, 而后者当然是被了解得很清楚的.

关于连通实单 Lie 群, Cartan 构造了一个对合 (an involution), 现在被称为 Cartan 对合,

$$\theta\colon G \longrightarrow G, \quad \text{使得} \quad K = \{g \in G \mid \theta g = g\}$$

是一个极大紧子群. (G,θ) 决定了 (G,K), 反之亦然, 当然是在同构的意义上. 于是, 连通实紧单 Lie 群的分类问题转为连通复单 Lie 群对合的分类问题, Cartan 花了很多精力来研究后一问题.

将前面的话适当改述一下, 也可用于并非单而是半单的群 G, 它们蕴含了关于实半单 Lie 群 G 的重要的结构信息.

Cartan 对合 θ 引导了 G 的 Lie 代数 $\mathfrak{g}$ 上的对合, 它用同样的字母表示, 且有

$$\mathfrak{g} = \mathfrak{k} \oplus \mathfrak{p}, \quad \text{其中} \quad \mathfrak{p} = \theta \text{ 的 } (-1)\text{-特征空间},$$

以及 $\mathfrak{k} = (+1)$-特征空间, 从而它也是极大紧子群的 Lie 代数. 在这种情况下,

$$\begin{aligned} &\exp\colon \mathfrak{p} \longrightarrow G \quad \text{是到其映像上的微分同胚, 且} \\ &K \times \mathfrak{p} \ni (k, X) \longmapsto k \cdot \exp(X) \quad \text{确定了到 } G \text{ 上的一个同胚,} \end{aligned}$$

被称作 G 的 Cartan 分解. 特别是, 作为拓扑空间 $G/K \cong \mathfrak{p}$.

以上是 Cartan 关于 Lie 群工作的简短介绍——这是他的工作的重要部分, 但远不是他的全部工作.

Hermann Weyl (1885—1955) 出生于汉堡附近. 他在慕尼黑大学和哥廷根大学学习数学, 并于 1908 年在哥廷根大学获得博士学位, 导师是 Hilbert. 在哥廷根担任初级教职几年后, 他于 1913 年受聘为苏黎世工业大学 (ETH) 教授, 同年其著作《黎曼面的概念》问世 [27]. 1930 年他回到哥廷根接替 Hilbert 的位置. 1932 年, 希特勒在德国即将掌权, 美国普林斯顿高等研究院以教授职位邀请 Weyl. 他先是接受, 后又拒绝. 1933 年, 希特勒当上德国总理, 令 Weyl 的犹太妻子处于迫在眉睫的危险中; 高等研究院再次发出邀请, 这次他满怀感激地接受了.

Lie 理论和表示论仅仅是 Weyl 的一部分重要工作, 他在数学的其他领域和数学物理领域做出许多其他贡献. 1951 年退休后, 他把时间分别花在普林斯顿和苏黎世.

1927 年, Weyl 和他的学生 Fritz Peter (1899—1949) 发表了关于 (现在称为) Peter-Weyl 定理的证明 [16], 该定理是有限群的 Schur 正交关系 (the Schur orthogonality relations) 的推广. 顺便插一句题外的话, Fritz Peter 此后在数学界消失; 他去了塞勒姆城堡学校 (Gymnasium Schloss Salem) 当教师, 那是一所寄宿制精英学校, 位于德国–瑞士边界附近, 近年来丑闻不断.

设 G 是一个紧 Hausdorff 群, 带一个标准化 Haar 测度 dg, 满足全测度为 1, Peter-Weyl 定理断言

$$L^2(G) \simeq \sum\nolimits_{\iota \in \widehat{G}} V_\iota \otimes V_\iota^* \quad \text{(Hilbert 空间直和).}$$

这里 $\widehat{G}$ 是 G 的不可约酉表示 (irreducible unitary representations) 模去同构的集合, (π_ι, V_ι) 是以 ι 编号的表示, 而 (π_ι^*, V_ι^*) 则是对偶表示. 在此同构下, G 对 $L^2(G)$ 的左 (右) 作用对应于 π_ι 对 $V_\iota(\pi_\iota^*$ 对 $V_\iota^*)$ 的作用. 若对 $V_\iota \otimes V_\iota^*$ 上的内积作适当的标准化, 则这一同构是等距的.

在 Peter-Weyl 同构下, 张量积 $u_\iota \otimes v_\iota^* \in V_\iota \otimes V_\iota^*$ 对应于函数

$$f_{u_\iota \otimes v_\iota^*}(g) = <\pi_\iota(g^{-1})u_\iota\,,\, v_\iota^*> .$$

作为 Peter-Weyl 定理的形式结果, 紧 Hausdorff 群 G 的有限维不可约酉表示

π 的“特征”

$$\chi_\pi(g) \;=\; \operatorname{tr}\pi_\pi(g)\,,$$

在同构的意义下确定了表示 π. G 的任何有限维表示都能被酉化 (用 Weyl 的“酉技巧”). 于是, 要描述 G 的不可约有限维表示, 原则上只需且至少需要, 描述其不可约特征.

从时间顺序上讲, 而不是从逻辑上讲, Weyl 的特征公式 [28] 早于 Peter-Weyl 定理. 如果 G 是一个连通紧 Lie 群, 则其任何两个极大紧环 $T \subset G$ 是共轭的. 选中一个, 则任一 $g \in G$ 与某个 $t \in T$ 共轭. 所以, 只需了解不可约特征在 T 上的限制就足够.

Weyl 证明了, 正规化的 T 的单位分量 $N_G^0(T)$ 跟中心化子 $Z_G(T)$ 一致, 而中心化子又跟 T 一致. 于是, (G,T) 的 “Weyl 群”

$$W = N_G(T)/N_G^0(T) = N_G(T)/Z_G(T) \;=\; N_G(T)/T$$

是一个有限群, 它一一地作用于 T, 于是也同样作用于 Lie 代数 $\mathfrak{t}$, 以及作用于“权格” (weight lattice)

$$\Lambda \;=\; \{\,\lambda \in i\mathfrak{t}^* \;\mid\; \lambda \text{ 提升至特征 } e^\lambda\colon T \to \mathbb{C}^*\,\}\,.$$

如前所述, 根集合 $\Phi \subset \Lambda$ 由非零权组成, 它们被 T 用来作用在复化 Lie 代数上,

$$(\mathfrak{g}\,/\,\mathfrak{t}) \otimes_{\mathbb{R}} \mathbb{C} = \oplus_{\alpha\in\Phi}\, \mathfrak{g}^\alpha, \quad \mathfrak{g}^\alpha = \{X \in \mathfrak{g} \mid \operatorname{Ad} t(X) = e^\alpha(t)X \text{ 对于 } t \in T\}.$$

“根空间”$\mathfrak{g}^\alpha \subset \mathfrak{g}$ 是一维的. “Weyl 积分公式” 断言, 对于任意的 $f \in C(G)$,

$$\int_G f(g)\,dg = \frac{1}{\#W}\int_T\int_G f(gtg^{-1}) \prod\nolimits_{\alpha\in(\Phi/\pm)} (e^{\alpha/2}(t) - e^{-\alpha/2}(t))^{-2}\,dg\,dt\,.$$

为了使以下的陈述稍稍简化, 我将假设紧 Lie 群 G 是连通、半单和单连通的. 称 $\lambda \in \Lambda$ 是“正则的” (regular), 如果 λ 不与任一个 $\alpha \in \Phi$ 垂直. 于是对每个正则的 $\lambda \in \Lambda$, 存在唯一的 (不计同构) 不可约有限维表示 π_λ, 当限制在 T 时, 其特征 χ_λ 由以下公式给出:

$$\begin{aligned}
\chi_\lambda(t) \;&=\; (\Delta(t))^{-1}\sum\nolimits_{w\in W} \epsilon(w)\,e^{w\lambda}(t), \text{ 其中}\\
\epsilon(w) \;&=\; \operatorname{sgn}(\det\{w\colon\, \mathfrak{t} \to \mathfrak{t}\}) \quad \text{以及}\\
\Delta(t) \;&=\; \prod\nolimits_{\alpha\in\Phi,\,(\alpha,\lambda)>o} (e^{\alpha/2}(t) - e^{-\alpha/2}(t)).
\end{aligned}$$

G 的每个不可约表示都同构于它们中的一个, 并且 $\pi_{\lambda_1} \cong \pi_{\lambda_2}$, 当且仅当对于某个 $w \in W$, $\lambda_2 = w\lambda_1$.

尤其是, 紧致、连通和单连通群 G 的不可约表示集合可以自然地等同于

$$W\backslash\{\lambda \in \Lambda \mid \lambda \text{ 是正则的}\}.$$

Weyl 特征公式的证明依赖于前面提到的 Weyl 关于紧 Lie 群的几个结构性命题: Peter-Weyl 定理, Weyl 积分公式, 以及注意到一个不可约特征 χ_λ 限制于 T 一定是 T 的特征 e^μ 与正积分系数的线性组合. 把这些东西综合在一起, 就能容易地证明此定理.

Cartan 已经在 1913 年对复半单 Lie 代数 $\mathfrak{g}$ 的不可约有限维表示做了分类 [9]. 用 Weyl 特征公式, 这个分类可表述如下: 令 V_λ 为带有如上所述特征 χ_λ 的不可约表示, 则 $\mu \in \Lambda$ 被称为 V_λ 的“权”, 如果“μ-权空间”

$$V_\lambda^\mu =_{\text{def}} \{v \in V_\lambda \mid tv = e^\mu(t)v \text{ 对于所有的 } t \in T\} \quad \text{不为零}.$$

回忆一下, V_λ 的参数 $\lambda \in \Lambda$ 一定是正则的. 于是根系 Φ 可以被表示成不相交并集

$$\Phi = \Phi_\lambda^+ \cup (-\Phi_\lambda^+), \quad \text{这里} \ \Phi_\lambda^+ = \{\alpha \in \Phi \mid (\lambda, \alpha) > 0\}.$$

定义

$$\rho_\lambda = \frac{1}{2}\sum\nolimits_{\alpha \in \Phi_\lambda^+} \alpha,$$

不难证明

$$(\lambda - \rho_\lambda, \alpha) \geqslant 0 \quad \text{对于所有的 } \alpha \in \Phi^+.$$

定理 (最高权定理) 设 G 是一个连通、紧致、半单和单连通的 Lie 群. 带有不可约特征 χ_λ (从而根据我们的约定, $\lambda \in \Lambda$ 是正则的) 的不可约表示 (π_λ, V_λ) 有重数为 1 的权 $\lambda - \rho_\lambda$. 并且

(a) 如果 A 是 Φ_λ^+ 中根的非空和 (a nonempty sum), 则 $\lambda - \rho_\lambda + A$ 不是一个权;

(b) 任一个权可以表示为 $\lambda - \rho_\lambda - A$, 其中 A 表示 Φ_λ^+ 中根的和.

如果已知存在一个带有特征 χ_λ 的表示——如 Weyl 的情况——则定理的表述只是 Poincaré-Birkhoff-Witt 定理的直接结果. 但对于 Cartan 来说, 他首先需要确定 π_λ 的存在, 这是一项重要的成果.

表面上看, Weyl 特征公式只是一个存在性定理: 它建立了 G 的不可约表示的参数化. 在另一方面, 最高权定理隐含了非常多的, 如果不是全部的话, 关于紧 Lie 群不可约表示的已知结构信息.

用 Weyl 特征公式方法或者用 Cartan 最高权定理对 G 的不可约表示进行计数 (enumerating), 并用最高权定理的结果确定其重要的结构信息, 剩下

的问题是为这些表示提供 “模型” (model). 这不只是一个美学需求: 不仅限于紧 (或复单) Lie 群的情况, 一个好的数学结构的模型能够, 并且经常做到, 带来新的洞察. Borel-Weil 定理 [3, 26], 以及后来的 Borel-Weil-Bott 定理 [4], 为紧 Lie 群的不可约表示提供了这样的模型.

Borel 和 Weil “几乎” 算是现代人物, 因为我们中有些人——包括我自己——确实见到过他们. André Weil (1906—1998) 的父母是生活在阿尔萨斯 (Alsace) 的犹太人, 1870 年法国–普鲁士战争后移居巴黎. Weil 曾先后在哥廷根大学和巴黎大学学习, 并于 1928 年在巴黎大学获得博士学位. 在印度北方邦的阿里加尔穆斯林大学执教两年, 他解释说是因为对梵文和印度教感兴趣. 第二次世界大战开始时他正好在芬兰, 并在芬兰被占领前回到法国, 然后取道马赛去美国. 在美国里海大学执教了两年, 他感到非常不愉快. 然后他又先后去巴西圣保罗大学和美国芝加哥大学执教, 最后去了普林斯顿高等研究院. Lie 理论当然只是他的数学工作的一小部分.

Armand Borel (1923—2003) 出生于伯尔尼附近的绍德封 (Chaux-de-Fonds), 那里属于瑞士的讲法语地区. 他的瑞士国籍使其在青年时期免于第二次世界大战的动乱影响. Borel 先后在苏黎世 ETH 和巴黎大学学习, 并在巴黎大学获得国家博士学位, 导师是 Jean Leray. 不久即在高等研究院获得永久职位, 并在那里工作直到退休. 退休后他热衷于把数学新发展的成果介绍给正在做研究工作的数学家. 例如他在伯尔尼举办数学研讨班 (放在伯尔尼是因为它在瑞士的中心位置), 结果出版了关于 D-模和相交上同调 (intersection cohomology) 研究的专著. 也许要提一下, D-模和相交上同调均成为研究表示论的重要工具.

令 $G_{\mathbb{C}}$ 为一个连通复半单 Lie 群, $U \subset G_{\mathbb{C}}$ 为一个紧实形式——即一个连通紧半单 Lie 群, 它的复化就是 $G_{\mathbb{C}}$. 取一个极大环面 $T \subset U$; 不必刻意选择, 因为 U 中任意两个环面共轭. 其复化就是 $G_{\mathbb{C}}$ 的 Cartan 子群. 对正根系 Φ^+ 的选择——同样不必刻意选择, 因为任意两个在 $N_U(T)$ 下是共轭的——确定了一个 “Borel 子群”$B \subset G_{\mathbb{C}}$, 即一个极大可解群, 其中包含 T, 并且其 Lie 代数包含了以负根 $-\alpha \in -\Phi^+$ 为指标的根空间 $\mathfrak{g}^{-\alpha}$. 在这种情况下,

$$X \ =_{\text{def}} \ U/T \ = \ G_{\mathbb{C}}/B \qquad (G \text{ 的 “旗簇” (flag variety)})$$

是一个紧复流形, 通过 U 和 $G_{\mathbb{C}}$ 平移地作用. 任一 $\lambda \in \Lambda$ 确定了 B 的一个全纯特征 e^λ: $B/[B,B] \longrightarrow \mathbb{C}^*$, 从而确定一个 “齐次全纯线丛”

$$\mathcal{L}_\lambda \ \longrightarrow \ X \ = \ G_{\mathbb{C}}/B \ ,$$

这个全纯线丛由 G 对 X 的作用提升而得, 并通过 e^λ 作用于其在单位陪集 B 的纤维. 由于 $G_{\mathbb{C}}$ 作用于 X 和 $\mathcal{L}_\lambda$, 所以它也作用于 $\mathcal{O}(\mathcal{L}_\lambda)$ 的上同调群.

定理 (Borel-Weil 定理) 对于 $\lambda \in \Lambda$, 如果对所有的 $\alpha \in \Phi^+$ 有 $(\alpha, \lambda) \geqslant 0$, 则

$$H^p(X, \mathcal{O}(\mathcal{L}_\lambda)) \begin{cases} \text{为最高权 } \lambda \text{ 不可约, 如果 } p = 0, \\ \text{为零, 对所有的 } p \neq 0. \end{cases}$$

尤其是, 它给出了一个连通紧 Lie 群 U —— 或等价地说, 一个连通复半单 Lie 群 $G_{\mathbb{C}}$ —— 的所有不可约表示的具体几何描述. 其证明是直接应用 Kodaira 消没定理和最高权定理的结果.

令 $X = G_{\mathbb{C}}/B = U/T$ 并且 Φ^+ 如前所述, 并令 ρ 表示所有正根的半和 (half-sum).

定理 (Borel-Weil-Bott 定理) 如果 $\lambda + \rho$ 非正则, 则对所有的 p, $H^p(X, \mathcal{O}(\mathcal{L}_\lambda))$ 为零. 另一方面, 如果 $\lambda + \rho$ 正则, 则选择 $w \in W$ 使得对所有的 $\alpha \in \Phi^+$, $(\alpha, w(\lambda + \rho)) > 0$, 并定义 $p_\lambda = \#\{\, \alpha \in \Phi^+ \mid (\alpha, \lambda + \rho) < 0 \,\}$.

$$H^p(X, \mathcal{O}(\mathcal{L}_\lambda)) \begin{cases} \text{为最高权 } w(\lambda+\rho)-\rho \text{ 不可约, 如果 } p = p_\lambda, \\ \text{为零, 对所有的 } p \neq p_\lambda. \end{cases}$$

Bott 通过伴随 X 在所谓广义旗簇 (generalized flag varieties) 上纤维化的谱序列, 利用 $\mathbb{P}^1$ 纤维, 把此命题归约为 Borel-Weil 定理. 这个定理有许多应用 —— 如在表示论中, Beilinson-Bernstein 消没定理的证明 —— 以及复代数几何中的各种计算.

参考文献

[1] H. F. Baker, Alternants and continuous groups, Proceedings London Math. Soc. 3 (1905), 24–47.

[2] G. Birkhoff, Representability of Lie algebras and Lie groups by matrices, Annals of Math. 38 (1937), 526–532.

[3] A. Borel, Représentations linéaires et espaces homogènes kähleriens des groupes simples compacts (1954). In: Armand Borel, collected papers, Volume I, p. 392–396.

[4] R. Bott, Homogeneous vector bundles, Annals of Math. (1957), 203–248.

[5] J. E. Campbell, On a law of combination of operators bearing on the theory of continuous transformation groups, I, II, Proceedings London Math. Soc. 28 (1897), 381–190; 29 (1898), 14–32.

[6] J. E. Campbell, Introductory Treatise on Lie's Theory of Finite Continuous Transformation Groups, Clarendon Press, Oxford, 1903.

[7] É. Cartan, Sur la structure des groupes de transformation finis et continus, Librairie Nony, Paris, 1894.

[8] É. Cartan, Les groupes de transformations continus, infinis, simples, Annales scientifiques de l'É. N. S. 3e série 26 (1909), 93–161.

[9] É. Cartan, Les groupes projectifs qui ne laissent invariante aucune multiplicité plane, Bulletin de la Soc. Math. France 41 (1913), 53–96.

[10] É. Cartan, Les groupes réelles, simples finis et continus, Annales scientifiques de l'É. N. S. 3e série 31 (1914), 263–355.

[11] É. Cartan, Sur une classe remarquable d'espaces de Riemann II, Bulletin de la Soc. Math. France 55 (1927), 114–134.

[12] F. Engel, Wilhelm Killing, Jahresbericht der Deutsch. Math. Verein. 39 (1930), 140–154.

[13] F. Engel, Friedrich Schur, Jahresbericht der Deutsch. Math. Verein. 45 (1935), 1–31.

[14] W. Killing, Die Zusammensetzung der stetigen endlichen Transformationsgruppen, I–IV, Math. Ann. 31 (1888), 252–290; 33 (1889), 1–48; 34 (1889), 57–122; 36 (1890), 161–189.

[15] S. Lie, Gesammelte Abhandlungen, B. G. Teubner, Leipzig, 1960.

[16] F. Peter and H. Weyl, Die Vollständigkeit der primitiven Darstellungen einer geschlossenen kontinuierlichen Gruppe, Math. Ann. 97 (1927), 737–755.

[17] H. Poincaré, Oevres, Gauthier-Villars, Sceaux, 1996.

[18] H. Poincaré, Sur les hypothèses fondamentales de la géométrie, Bulletin de la Société mathématique de France 15 (1887), 203–216.

[19] H. Poincaré, Sur les groupes continus, Comptes rendus de'l Académie des Sciences 128 (1899), 1065–1069.

[20] H. Poincaré, Sur les groupes continus, Transactions of the Cambridge Philosophical Society 18 (1899), 220–255.

[21] H. Poincaré, Quelques remarques sur les groupes continus, Rendiconti del Circolo Matematico di Palermo 15 (1901), 321–366.

[22] H. Poincaré, Nouvelles remarques sur les groupes continus, Rendiconti del Circolo Matematico di Palermo 25 (1908), 81–130.

[23] F. Schur, Neue Begründung der Theorie der endlichen Transformutionsgruppen, Math. Annalen 35 (1889), 161–197.

[24] F. Schur, Zur Theorie der endlichen Transformationsgruppen, Math. Annalen 38 (1891), 263–286.

[25] F. Schur, Ueber den analytischen Charakter der eine endliche continuirliche Transformationsgruppe darstellenden Functionen, Math. Annalen 41 (1893), 509–538.

[26] J.-P. Serre, Représentations linéaires et espaces homogènes kählériens des groupes de Lie compacts (d'aprés Armand Borel et André Weil). In: Séminaire Bourbaki, Vol. 2, Exp. No. 100.

[27] H. Weyl, Die Idee der Riemannschen Fläche, Teubner, Leipzig, 1913.

[28] H. Weyl, Theorie der Darstellung kontinuierlicher halb-einfacher Gruppen durch lineare Transformationen, Mathematische Zeitschrift 23 (1925), 271–309.

[29] E. Witt, Treue Darstellung Liescher Ringe, Jour. Reine Angew. Math. 177 (1937), 152–160.

编者按: 本文是作者在 2019 年第十届清华三亚国际数学论坛——首届当代数学史大师讲座上演讲的全文, 其中部分内容基于作者的早期论文 "Poincaré and Lie Groups" (in *Bulletin of the AMS* 6(1982), 175–186).

从原子到森林大火

Martin Hairer

译者: 王善平

Martin Hairer (1975 —) 是英国帝国理工学院数学教授, 英国皇家学会会员, 奥地利科学院院士. 曾在华威大学和纽约大学库兰特学院任职. 他的研究领域主要为随机分析, 特别是随机偏微分方程领域. 2013 年获得费马奖, 2014 年获得代表数学家最高荣誉的菲尔兹奖章.

摘要

从 Brown 运动的发现及其数学描述开始, 介绍自相似随机对象如何从各种各样的现象中产生. 这些对象的一个有趣特性就是它们与最早产生于量子场论研究的理念直接关联.

概率的指导原则

- **对称性** (Symmetry): 如果不同的结果是等价的, 那么它们应该有相同的概率.
- **普适性** (Universality): 在许多事例中, 如果一个随机结果有许多不同的随机来源, 则不必过多关注其细节. (连续抛掷硬币: de Moivre 1733, Laplace 1812, $\cdots$)

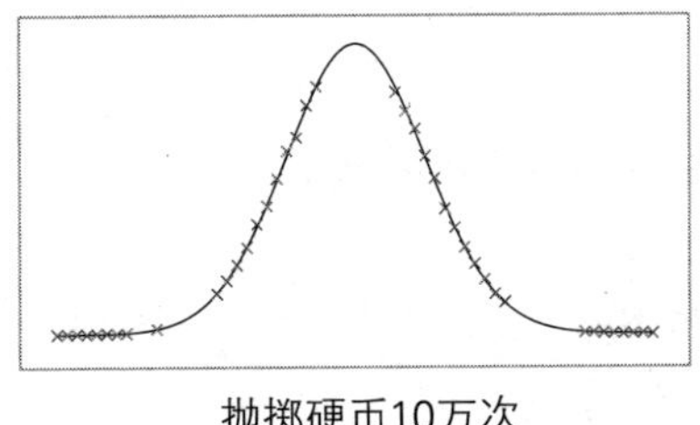

抛掷硬币10万次

Brown 运动的发现

- Jan Ingenhousz (1785: 悬浮在酒精中的煤灰).
- Robert Brown (1827: 悬浮在水中的花粉所释放的微粒).

Joseph Fourier

科学家, 参加了拿破仑对埃及的入侵 (1798—1801), 曾任伊泽尔省长 (1801—1816), 有两个重要的数学贡献 (1807 年发表论文: On the Propagation of Heat in Solid Bodies; 该文获得巴黎研究院 1811 年数学奖):

1. Fourier **变换**: 每个函数都能用 “纯波” (pure waves) 的叠加来近似.

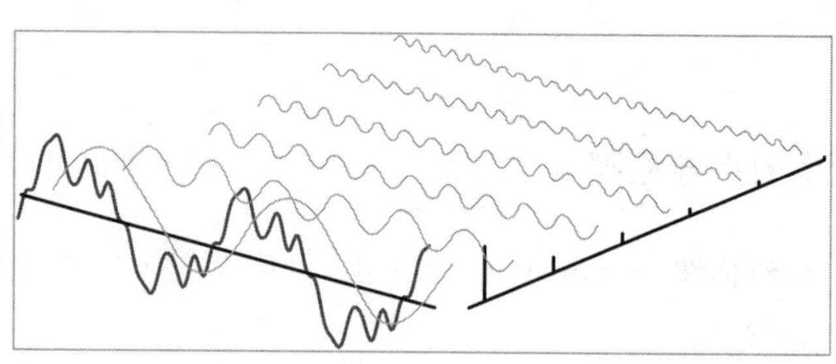

2. Fourier **定律**: 热的传导遵循热方程

$$\partial_t u = \Delta u.$$

Einstein 与 Smoluchowski

在 Lord Rayleigh 早期工作的基础上, 他们各自独立地于 1905—1906 年建立了 Brown 运动理论.

1. **物理学**: 确认是由液体分子碰撞引起的随机运动.

2. **数学**: 确认粒子位置的概率分布由热方程描述. 给出定量预测, 并由 Perrin 于 1908 年用实验证实 (获得 1926 年诺贝尔奖). 解决了关于原子是否存在的争论.

Bachelier

Louis Bachelier (1870 — 1946) 于 1900 年递交了他的学位论文 “预测的理论” (Théorie de la spéculation), 当时并不受重视. 在索邦大学 (Sorbonne) 工作了一段时间后 (因第一次世界大战而中断), 他在 57 岁时获得第一个永久教职!

1. **金融**: 描述了股票价格变动的机制.

2. **数学**: 股票价格的概率分布可用热方程描述.

为 Black & Scholes 的工作 (1973, 获得 1997 年诺贝尔经济学奖) 打下了基础.

数学描述/普适性

Norbert Wiener (1894—1964) 在 20 世纪 20 年代后期给出了 Brown 运动的完整数学描述——把它当作满足 Kolmogorov 公理的 $\mathcal{C}(\mathbf{R})$ 测度. Wiener 后来成为研究机器人和控制论的先驱.

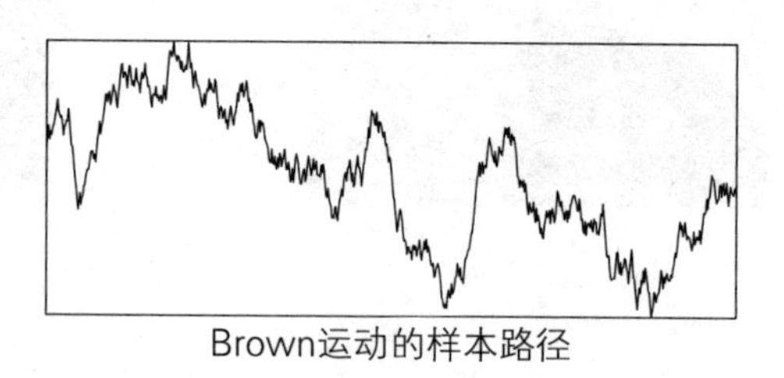

Brown运动的样本路径

Monroe David Donsker (1924—1991) 于 1951 年证明了 Brown 运动具有 "普适性", 并描述了众多具有不同微观特性的过程的大尺度行为.

与量子场论 (Quantum Field Theory, QFT) 的联系

Symanzik 和 Nelson 在 20 世纪 60 年代早期发现了 QFT 与 Markov 场之间的自然对应. Osterwalder 和 Schrader 后来发现了反射正性 (reflection positivity) 的重要性.

一般对应: 高斯 Markov 场 ⇒ 自由 QFT.

交互理论: 发散性出现 (oppenheimer).

Cure (Bethe, Tomonaga, Schwinger, Feynman, Dyson, $\cdots$): 通过系统地丢弃无穷部分以抽取有限部分 (重整化 (renormalization)).

一些人的反应: 并不是所有人都喜欢使用这个方法.

Dirac 说: “这不是合理的数学. 合理的数学当一个量比较小时会忽略它; 而不会只因为这个量是无穷大而不要它了. ”

更多的反应: 即使那些发明它的人也不喜欢!

Richard Feynman 说: “我们玩的这场猜谜游戏 (the shell game) 用专业的词叫作 ‘重整化’…… 但不管这个名词起得有多聪明, 我还是会叫它 ‘愚笨化’ (a dippy process)! ” 不过, 实验以 9 位数字的精度证实了量子电动力学!

可重整性 (Renormalizability)

有些模型可以做摄动重整化 (perturbatively renormalizable): 在每个次序上, 参数可以 (用发散的方法!) 做调整, 以提供一致的解答.

参数 Λ, 实验设置 E, 赋予规则 (regularise):

$$M^{\varepsilon}: \Lambda \times E \times U \to \mathbf{R},$$

其中, U 为 “非物理” (unphysical) 参数, 群 $\mathcal{R}$ 作用于 Λ.

求 $R_{\varepsilon}^{\eta} \in \mathcal{R}$, 使得重整化模型 $\hat{M}(\lambda, \varphi) = \lim\limits_{\varepsilon \to 0} M^{\varepsilon}\left(R_{\varepsilon}^{\eta}\lambda, \varphi, \eta\right)$ 为有限的, 且独立于 η.

成果: 建立了关于朴素模型 (the naïve model) 尽量容纳许多参数的理论.

教训: 重要的是模型的 “形式” (form), 而不是常数的有限性.

’t Hooft 证明, “标准模型” 是可摄动重整化的.

尽管已花费了数十亿美元 (LHC 等), 迄今尚未发现标准模型的缺陷.

简单例子

重温关于 "分布" (distribution) 的定义: 分布 η 以函数 ϕ 为输入, 以数值 $\eta(\phi)$ 为输出; 并且它在 ϕ 中是线性的.

例 1 Dirac 分布: $\delta(\varphi) = \varphi(0)$.

例 2 每个局部可积的函数 $\hat{\eta}$ 确定一个分布:

$$\eta(\varphi) = \int_{\mathbf{R}} \hat{\eta}(x)\varphi(x)dx.$$

重要提示: Dirac 分布并不是这一类型, 但可以用它来逼近 (见下图).

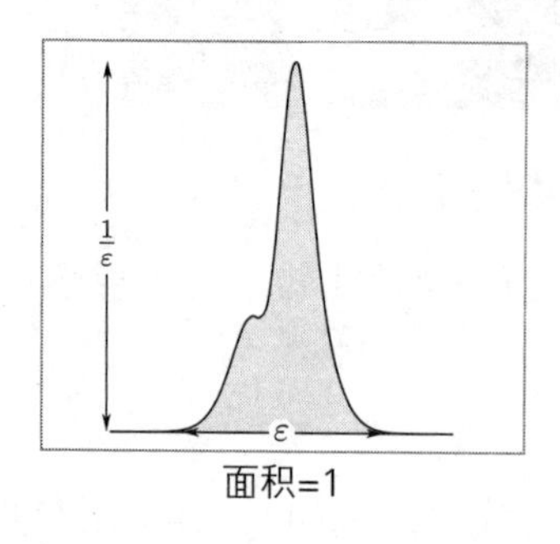

面积=1

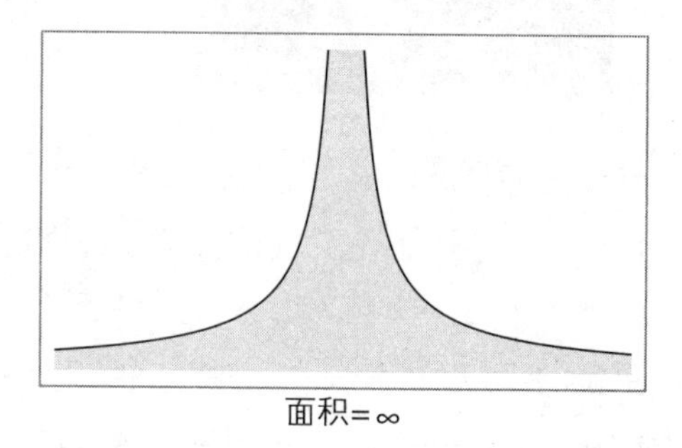

面积=∞

简单例子 (续)

我们尝试为 $\hat{\eta}(x) = \dfrac{a}{|x|} - c\delta(x)$ $(a, c \in \mathbf{R})$ 定义一个分布.

问题: $1/|x|$ 的积分发散, 所以我们应该设 $c = \infty$ 以作补偿!

自然地赋予规则: $|x| \mapsto |x| + \varepsilon$. 给定一个光滑紧支撑截断 χ 且 $\chi(0) = 1$, 设

$$\eta_\chi^\varepsilon(\varphi) = a\int_{\mathbf{R}} \frac{\varphi(x) - \chi(x)\varphi(0)}{|x| + \varepsilon} dx - \tilde{c}\varphi(0).$$

上式对于某些 c_ε, 呈 $\eta_\chi^\varepsilon(x) = \dfrac{a}{|x| + \varepsilon} - c_\varepsilon\delta(x)$ 的类型. 求极限则得到模型的正则二参数族 (canonical two-parameter family) $(a, \tilde{c}) \mapsto \eta_{a,\tilde{c}}$, 但 $\tilde{c}$ 没有正则 "原点选择" (choice of origin) (因为改变 χ 将改变 $\tilde{c} \cdots\cdots$).

Wilson RG 图

Kenneth G. Wilson (1936 — 2013), 因创建用重整化群 (Renormalization Group, RG) 来解释相变 (phase transition) 的理论而获得 1982 年度诺贝尔物理学奖.

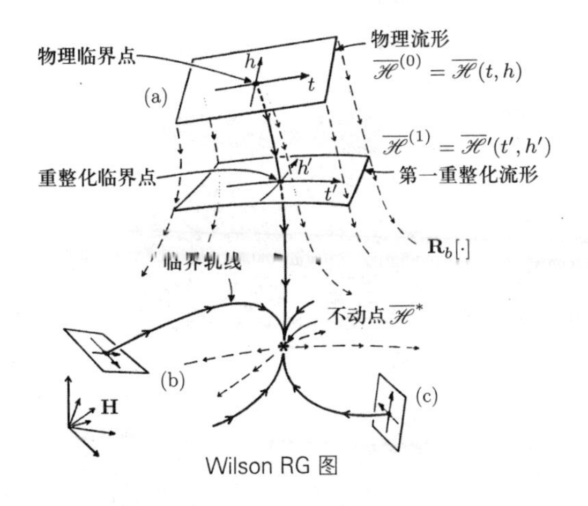

Wilson RG 图

交叉区域 (Crossover regimes)

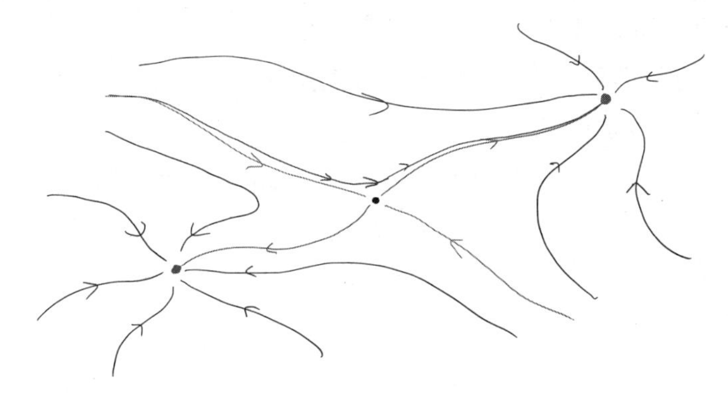

连续体模型在小尺度上收敛到一个 RG 不动点, 在大尺度上收敛到另一个不同的不动点.

界面成长模型

背景: 两个不同稳定性的 “相位”. 稳定的相侵入不稳定的相.

森林大火

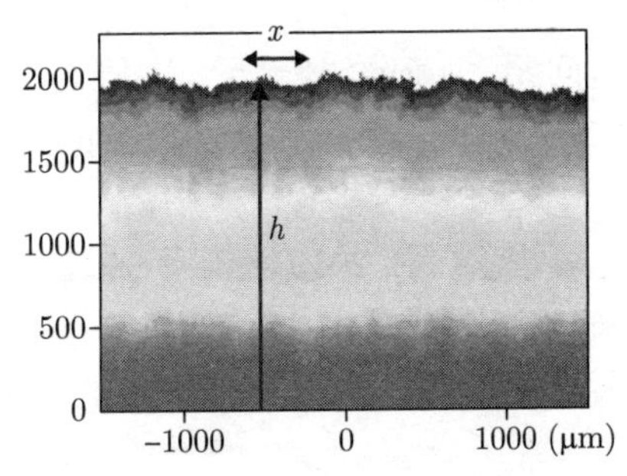

Takeuchi 图 (Sci. Rep. 34(1), 2011).

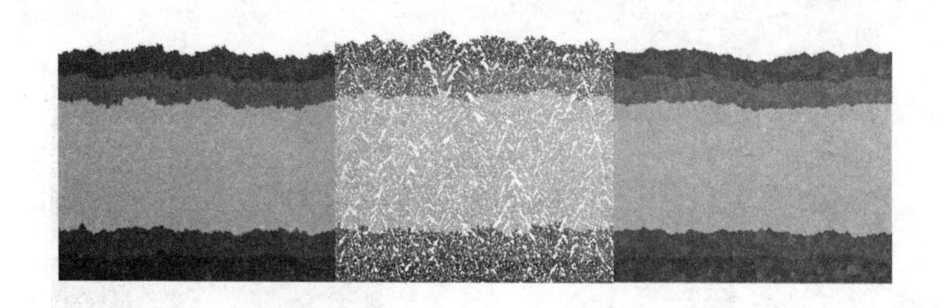

许多简单的数学模型呈现类似的特性.

KPZ 普适类

1. [此类中的] 受限对象能够完全刻画一个非常特殊的简单模型 (Matetski, Remenik, Quastel '17), 即它会有普适性.

2. 能够对一类受限的模型作若干量化计算. 计算揭示它们与随机矩阵理论之间有相当神秘的联系.

3. 对称界面波动的模型被很好地理解. ([此类中的] 受限时–空对象是高斯分布, Edwards-Wilkinson 分布.)

4. 与 KPZ 普适类有交叉的类 (猜测) 都具有普适性, 并且可用一个奇异随机偏微分方程来描述.

KPZ 方程

起初由 Kardar, Parisi 和 Zhang 在 1986 年研究的随机偏微分方程:

$$\partial_t h = \partial_x^2 h + (\partial_x h)^2 + \xi - \infty \quad (d=1),$$

这里 ξ 是时–空白噪声 (space-time white noise): 即认为时–空中任一点的取值是独立的.

问题: 如何给出解答? 在固定的时间表现如一个 Brown 运动, 但无处可微! 可否加上一个无穷常数 (infinite constant) 以补偿发散 (divergence)……

编者按: 在 2019 年第十届清华三亚国际数学论坛——首届当代数学史大师讲座上, Hairer 教授做了两个演讲, 本文是根据其中一个演讲的 PPT 整理的译文.

几何随机偏微分方程

Martin Hairer

译者: 王善平

构造的 QFT

基本想法: 为了建立量子场论 (Quantum Field Theory, QFT) 的 Lagrange 方程 S, Wick 旋转 Feynman 路径积分, 得到

$$e^{i\beta S(\varphi)}D\varphi \mapsto e^{-\beta S(\varphi)}D\varphi.$$

关于在怎样的条件下能从随机分布建立 QFT, 参见 Osterwalder-Schrader.

以上的表达式完全是形式的 (formal), 因为 Lebesgue 测度 $D\varphi$ 在场空间 (space of fields) 中没有意义. 希望它能通过某种逼近的过程获得一个良好定义的 (well-defined) 概率测度. 在统计力学模型中被解释为 Gibbs 测度.

今天讨论的例子: 非线性模型 ($d=1$) 和 Yang-Mills 方程 ($d=2,3$).

随机量子化 (Stochastic quantisation)

基本想法: 考虑对 Gibbs 测度 $e^{-\beta S(\varphi)}D\varphi$ 的离散逼近. 它在以下的随机演化 (stochastic evolution) 中是不变的:

$$d\varphi = -\nabla S(\varphi)dt + \sqrt{2/\beta}dW,$$

其中 W 是一个带有协方差结构 (covariance structure) 的布朗运动, 该结构适合由梯度 ∇ 所确定的度量.

愿望: 也许这就达到了动力学的极限范围?

非线性 σ 模型

黎曼流形上的 "橡皮带": $u\colon S^1 \to M$.

演化的确定性部分: "长度缩短"/ 热流.

$$L^2\text{-梯度能量流 } \mathscr{E}(u) = \int_{S^1} g_u\left(\partial_x u, \partial_x u\right) dx.$$

有限温度

流形 $(\mathscr{M}, g)$ 上的 Brown 圈测度 (loop measure) 可形式地给出:

$$\mathbf{P}(Du) \propto \exp\left(-\int_{S^1} g_u\left(\partial_x u, \partial_x u\right) dx\right) \text{``}Du\text{''}.$$

SPDE 的形式化不变式

$$\partial_t u = \nabla_{\partial_x u}\partial_x u + \sqrt{g(u)}\xi$$

在局部的坐标系中为

$$\left(\partial_t - \partial_x^2\right) u^\alpha = \Gamma^\alpha_{\beta\gamma}(u)\partial_x u^\beta \partial_x u^\gamma + \sigma_i^\alpha(u)\xi_i,$$

其中 $\sigma_i^\alpha \sigma_i^\beta = g^{\alpha\beta}$, Γ 为 Levi-Civita 联络的 Christoffel 符号.

若干现有的结果

- 确定性 PDE 的研究工作: Eells-Sampson (1964).
- 早期的 SPDE 研究工作: Funaki (1992).
- H^1-梯度版 SPDE 的研究: Driver (1992), Driver, Röckner (1992), Norris (1998).
- 一般 “黑盒” 正则结构的研究: Hairer (2013), Chandra, Hairer (2016), Bruned, Hairer, Zambotti (2018), Bruned, Chandra, Chevyrev, Hairer (2017).
- Dirichlet 形式的处理: Röckner, Wu, Zhu, Zhu (2017).

一般结果

给定 $H \in \mathscr{C}^\infty\left(\mathbf{R}^d, \mathbf{R}^d\right)$, 令 $U^\varepsilon(\Gamma, \sigma, H)$ 表示如下方程的 (形式)ε-近似:

$$\left(\partial_t - \partial_x^2\right) u^\alpha = \Gamma_{\beta\gamma}^\alpha(u)\partial_x u^\beta \partial_x u^\gamma + H^\alpha(u) + \sigma_i^\alpha(u)\xi_i.$$

RST 得到一个有 54 个符号的集合 $\mathscr{S} = \{\ldots\}$ 和一个价值映射 $\Upsilon_{\Gamma,\sigma}\colon \mathscr{S} \to \mathscr{C}^\infty\left(\mathbf{R}^d, \mathbf{R}^d\right)$, 满足

定理 A (Hairer, Bruned, Chandra, Chevyrev, Zambotti) 对 Γ, σ, H 的每个选择和热核 (heat kernel) 的每个截断, 存在常数 $C_\varepsilon^{\mathrm{BPHZ}} \in \langle \mathscr{S} \rangle$, 使得

$$U(\Gamma, \sigma, H) = \lim_{\varepsilon \to 0} U^\varepsilon\left(\Gamma, \sigma, H + \Upsilon_{\Gamma,\sigma} C_\varepsilon^{\mathrm{BPHZ}}\right),$$

其中 σ 在任何情况下是连续的.

若干评注

人们对这个结果并不太满意, 有以下几点原因:

1. U 是不标准的, 因为它依赖于热核的截断. 但这类 U 的集合是标准的: 因为对于任意两个截断, 存在 $c \in \langle \mathscr{S} \rangle$ 使得 $U(\Gamma, \sigma, H) = \overline{U}\left(\Gamma, \sigma, H + \Upsilon_{\Gamma,\sigma} c\right)$.

2. 哪些 U 在微分同胚 (diffeos) 下是等价的 (Stratonovich)

$$U(\varphi \cdot \Gamma, \varphi \cdot \sigma, \varphi \cdot H) = \varphi \cdot U(\Gamma, \sigma, H)?$$

3. 哪些 U 满足以下意义的伊藤等距 (Itô's isometry)

$$U(\Gamma, \sigma, H) \stackrel{\text{law}}{=} U(\Gamma, \bar{\sigma}, H)$$

只要 $\sigma_i^\alpha \sigma_i^\beta = \bar{\sigma}_i^\alpha \bar{\sigma}_i^\beta$?

一个元定理 (metatheorem)

事实: 如果对于某个近似过程, U^ε 满足某种对称, 则能找到常数 C_ε, 使得

$$U^{\mathrm{sym}}(\Gamma, \sigma, H) = \lim_{\varepsilon \to 0} U^\varepsilon\left(\Gamma, \sigma, H + \Upsilon_{\Gamma,\sigma} C_\varepsilon\right)$$

同样满足这种对称. (同样有 $C_\varepsilon - C_\varepsilon^{\mathrm{BPHZ}} \to \mathrm{cst.}$)

选择只是对于 $\mathscr{S}^{\mathrm{sym}} \subset \langle \mathscr{S} \rangle$ 是唯一的, 对称抵消项 (symmetric counterterms).

1. 得到被一个向量场的 15 维仿射子空间 $\mathscr{S}^{\text{geo}}$ 参数化的 (Stratonovich [随机积分] 的) 一族解理论 U^{geo}.

2. 得到被一个 19 维仿射子空间 $\mathscr{S}^{\text{Itô}}$ 参数化的 (伊藤 [随机积分] 的) 满足伊藤等距的一族解理论 $U^{\text{Itô}}$.

伊藤 = Stratonovich!

定理 *存在有双参数族的解理论 U, 都同时满足对称性, 它们都与前面所有研究案例中已有的解的概念一致.*

回忆一下, 由下式给出的解

$$U^{\text{sym}}(\Gamma,\sigma,H)=\lim_{\varepsilon\to 0}U^{\varepsilon}\left(\Gamma,\sigma,H+\Upsilon_{\Gamma,\sigma}C_{\varepsilon}\right).$$

期望有 $\left(\Upsilon_{\Gamma,\sigma}C_{\varepsilon}\right)(u)=0$, 只要 $\Gamma(u)=0$ 和 $(\partial\sigma)(u)=0$.

定理 *存在有单参数族的解理论 U, 满足 "伊藤等距"、"Stratonovich" 和 "极小性".*

回到几何

在几何的情况中, 当 Γ 是 Levi-Civita 联络的 Christoffel 符号, 单参数族中的所有成员都相同! 于是得到完全自然的解.

不过, "极小性" 则依赖于逼近的过程 (但在很多自然的情况下是相同的). 不同的选择由标量曲率梯度 (gradient of scalar curvature) 的倍数来区分.

对于前面所观察到 "对 Gibbs 测度不同的逼近给出 $c\int R(u)dx$ 形式的不同极限" 这一事实的解释, 见: DeWitt, Dekker, Inoue, Maeda, Andersson, Driver, 等等.

Yang-Mills 方程

最简单的例子: A 是 $\mathbf{T}^d\times G$ 上的联络, 其中 G 为带有代数 $\mathfrak{g}$ 的半单 Lie 群. 选择有关的联络, 允许把 A 当作 $\mathbf{T}^d$ 的 $\mathfrak{g}$-值 1-形式. 作用:

$$S(A)=\frac{1}{2}\int_{\mathbf{T}^d}\|F_A\|^2\,dx,\quad \text{其中 } F_A \text{ 是 } A \text{ 的曲率}.$$

规范不变性: 对于自然的作用 $g\colon \mathbf{T}^d\to G$, 有 $S(A)=S(g\cdot A)$.

问题: 即使在形式的层面上, 测度 $\exp(-S(A))DA$ 在无穷多的方向上是 "一致的" (uniform).

期望: 测度在规范轨道的商空间上是良好定义的 (well-defined).

量化方程 (Quantisation equation)

令 $F_A = d_A A - \frac{1}{2}[A, A]$, 并经先前同样的过程, 得到

$$\partial_t A = -d_A^* F_A + \xi = -d_A^* d_A A + \frac{1}{2} d_A^* [A, A] + \xi.$$

不是抛物线方程! 运用 DeTurck-Donaldson 方法: 加上 $D_A H$ 以形式地保持对于任何 H 在规范轨道 (gauge orbit) 上的运动. 选择 $H(A) = -d_a^* A$ 以获得一个抛物线的系统.

基本问题: 如何解释方程? 规范等价性 (gauge equivariance) 是什么?

问题

形如

$$\partial_t A = \Delta A + B(A, DA) + T(A, A, A) + \xi$$

的方程. 其为线性方程时的解是广义函数, 所以 B 和 T 是先验 (a priori) 无意义的.

自然的逼近 (natural approximation): 用 ξ_ε 代替 ξ, 使其在尺度 ε 上光滑. 试探性的数据 (heuristic arguments) 表明它不收敛. 所以需要重整化 (renormalization), 它应该有这样的形式:

$$\partial_t A_\varepsilon = \Delta A_\varepsilon + B(A_\varepsilon, DA_\varepsilon) + T(A_\varepsilon, A_\varepsilon, A_\varepsilon) - C_\varepsilon A_\varepsilon + \xi_\varepsilon.$$

看上去会破坏规范等价性!

若干结果

定理 (Chandra, Chevyrev, Hairer, Shen) *存在唯一的 (发散的) 选择 C_ε, 使得 $A_\varepsilon \to A$ 并且 A 是规范等价的.*

二维的情况: 能找到广义 $\mathfrak{g}$-值 1-形式空间 Ω_α 和规范变换空间 $\mathscr{G}_\alpha$, 使得

1. 过程 A 属于 Ω_α.

2. 商空间 $\Omega_\alpha/\mathscr{G}_\alpha$ 是波兰的 [波兰空间 (polish space) 即指可分全度量拓扑空间, 因被波兰数学家广泛研究而得名——译注].

3. Wilson 圈可观测量 (holonomies) 在 Ω_α 上良好定义, 且 $\mathscr{G}$-不变.

4. 商过程 (quotient process) 是一个 Markov 过程.

若干尚未解决的问题

- 解理论的更多内蕴“几何的”形成 (intrinsic “geometric” formulation)?
- 在次黎曼 (sub-Riemannian) 中的行为, 次椭圆 (hypoellipticity) 的概念?
- 闭测地线 (closed geodesics) 之间的大偏离 (large deviations)?
- $d = 3$ 时的规范轨道?
- 解的长期控制 (long-time control)?

尺度与噪声

李雪梅

译者: 王善平

李雪梅是英国帝国理工学院数学系概率论与随机分析讲座教授. 研究领域包括随机微分方程、扩散算子、随机动力系统和流形. 对随机过程的大时间渐近性及其内蕴几何有深入研究; 最近的研究兴趣是二尺度随机方程系统和带分形噪声的非马尔可夫动力学.

0. 基本知识

我们现在比以往更频繁地遇见术语 "随机性" (randomness)、"噪声" (noise) 以及与之相关的 "概率" (probability). 在科学领域, 我们努力描述自然现象, 解决工程问题, 进行科学实验, 以及预测物理量的演化过程. 而当我们所获得的信息不完整时 (这是经常发生的), 就不能完成这些重要的工作; 这时需要借助概率理论, 于是随机性和噪声出现在我们的数学模型中. 我们的任务则是收集那些被称作 "随机信号" 或 "噪声" 的相互作用和影响 (它们通常相对来说太小, 而数量又太多), 并研究它们的总体效应, 即有效运动 (effective motion).

"噪声" 就是任何我们不想要的东西, 测量中的误差, 放大器中的恒温波动 (thermostatic fluctuation), 自然界几乎无处没有噪声. "随机性" 则描述不完整的信息和不可预测的事件.

我们称某事情是随机的, 是指它不完全可预料, 而这并非指它没有模式.

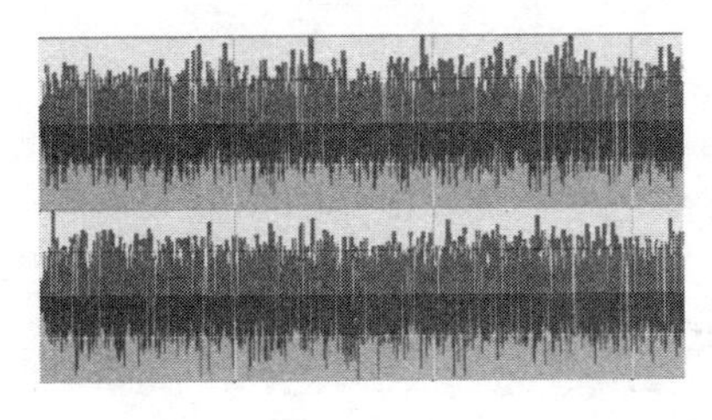

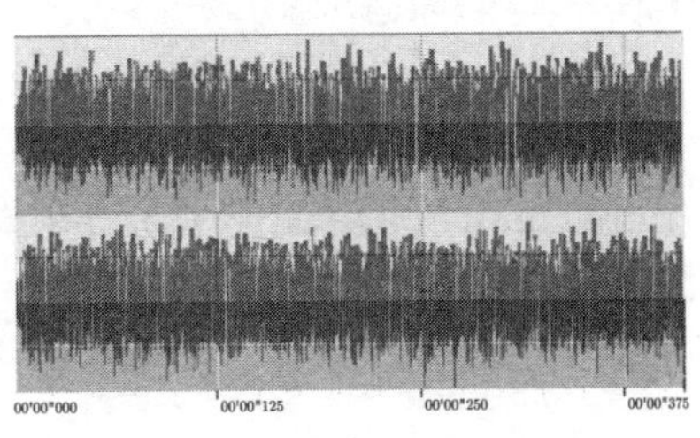

电子线路中的细微白噪声. 白噪声是常用的随机过程, 被当作电子系统中热噪声的模型

没有模式也并不意味着它是随机的. 数 π 中的数字顺序没有任何已知的模式, 但 π 不是随机的. 在随机分析中, 我们寻找随机性中的模式. 一个流行的模型是股票价格. 单只股票的价格不可预测, 但一旦我们知道了波动率 (volatility) 和移动平均 (moving average), 就可以对伦敦证券交易所上市的 2483 只股票的总体走势做出合理的推测.

人们最喜欢的例子是抛硬币. 在抛掷一枚均匀的硬币非常多次之后, 我们会看到有一半的情况是正面朝上, 即使无法确定下一次抛掷的结果. 如果我们把出现正面朝上的情况记录为 1, 否则记录为 -1, 那么一轮抛掷中平均值的典型波动可以用钟形曲线来描述 —— 称为标准高斯分布, 以数学家高斯 (Carl Friedrich Gauss) 的名字命名. 具有这种分布的随机函数称为高斯随机变量. 一个随机变量的均值波动经常是高斯类型的, 这时就称它属于高斯普适类 (Gaussian universality class). 钟形说明了这种分布的性质, 对称的中心是平均值, 高度点由方差 (或波动率) 决定.

布朗运动 (Brownian Motion, BM) $B(t,\omega)$ 是一个随机过程 (对于任何机会变量 (chance variable) ω 和任何时间 t, 我们有一个值). 特别是, 对于每一时间 t, $B(t,\cdot)$ 是高斯随机变量, 并且两个不同时间之间的 "相关性" 随着它们的时间跨度线性衰减. 给出一个机会变量, 众所周知布朗曲线是不规则的, 特别是不可微的; 其分布导数 $\dot{W}(t)$ 是一个 "白噪声", 它让我们想起调谐不良收音机中的静态噪声或者不停闪烁监视器上的闪烁点. 白色表示噪声 $\dot{W}(t)$ 和 $\dot{W}(s)$ 是独立的: 某一时刻的噪声与另一时刻的噪声无关. 在电视屏幕的情况下, 每个像素也代表一个位置, 并且两个不同位置的随机性是去相关的 (de-correlated). 这是一种最流行的噪声类型, 广泛用于数学和统计模型. 概念 "白色" 代表噪声时间相关性的特定 "频谱" 特性. 当噪声在不同时间具有相关性时, 它是具有非平凡自相关函数的有色噪声, 其傅里叶变换是功率谱密度 (Power Spectral Density, PSD). 白噪声的 PSD 是一个常数. "有色" 噪声对人耳来说更柔和、更悦耳.

噪声的颜色

声音的基本构建块是具有有限功率范围的声音片段 (它对我们作为接收器的耳朵产生压力):

$$f(t) = \sum_k a_k \sin(k\omega t).$$

纯音 (pure tone) 是具有正弦波形的声音:

$$A\sin(k\omega t + \phi).$$

如果 f 不是有限功率范围, 而是可积分, 则其较高频率的功率可以忽略不

计:

$$\lim_{k\to\infty}\int_0^{2\pi} f(t)\sin(k\omega t)dt=0,$$

这是黎曼–勒贝格 (Riemann-Lebesgue) 基本引理的结果. 序列 $\{a_k\}$ 是声谱 (the spectrum of the sound). 如果我们将域分解为更小的域, 例如 1/10 秒, 并绘制得到声波图.

$$\lim_{k\to\infty}\int_0^{2\pi} f(t)\sin(k\omega t)dt=0.$$

其较高频率的功率忽略不计.

本页的背景是西斯托 · 罗德里格斯 (Sixto Rodriguez) 的歌曲《糖人》(*Sugar Man*) 的一段波形. 我们给出此段声音的声波图和声谱图, 并将它们并排显示如下:

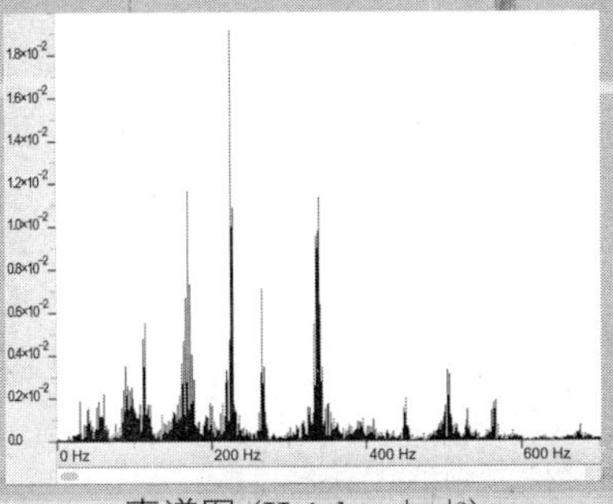

声谱图 (Height=$|a_k|^2$)

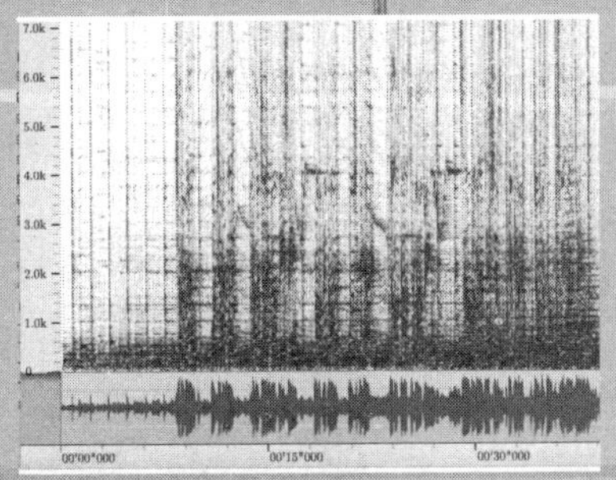

声波图

声波图显示声音的能量如何在频率上分布.

对于连续的时间, 我们关心的是

$$能量=\int_{-\infty}^{\infty}\overbrace{\left|\int_{-\infty}^{\infty}e^{-i\lambda s}f(s)ds\right|^2}^{\text{PSD}}d\lambda.$$

对于一个均值零平稳随机过程 $X(t)$, 其平均 PSD 为

$$S(\lambda)=\lim_{T\to\infty}\frac{1}{T}\mathbb{E}\left|\int_0^T e^{-i\lambda t}X_t dt\right|^2.$$

$$S(\lambda)=\int_{-\infty}^{\infty}e^{-is\lambda}R(s)ds,\qquad R(t)=\mathbb{E}(X_sX_{t+s}).$$

白噪声的 PSD 是频率的常数 (平均而言), 就像白光. 白噪声是平稳且不相关的:

$$S(\lambda)\sim 1,\qquad R\sim\delta_0.$$

(现实中观察到的白噪声具有有限的频率范围.) 我们可以直观地从下面的声波图和频谱中看到, 它们所表示的声音对于人耳来说是 "白色" 的:

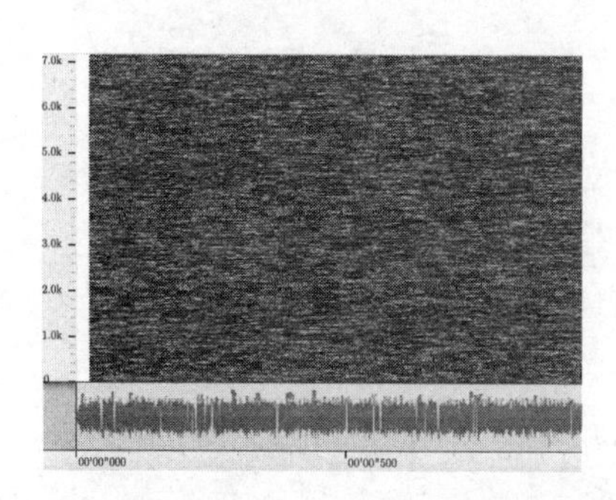

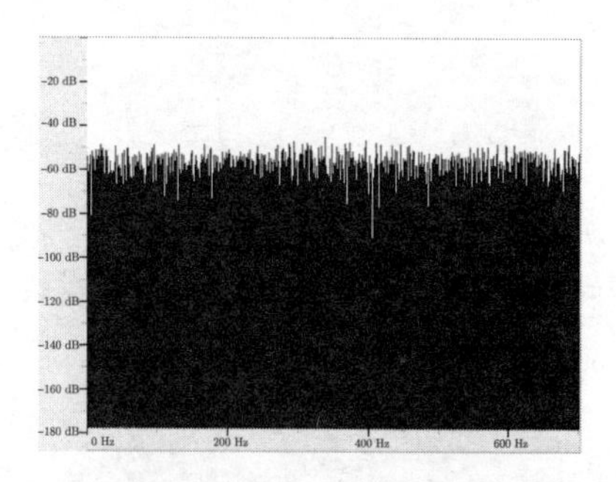

它们是 1/2 秒的白噪声的样本, 是用《莫扎特传》(*Amadeus*) 电影生成的. 以上频谱图的纵坐标的单位是 “分贝”, 即对数尺度的相对声压 (其零点任意选择); 下图的纵坐标则是线性尺度 (它标记声音的强度, 幅值的平方, 其 1 点位置是任意选择的):

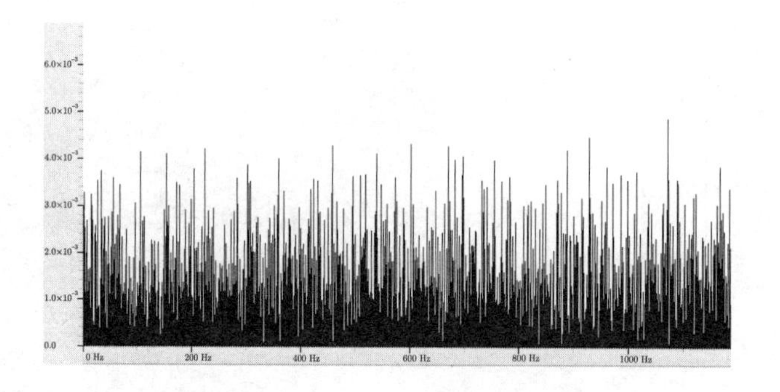

悦耳的声音也有模式. 八度音阶就是频率加倍. 假设 $S(\lambda) \sim \frac{1}{\lambda}$, 则在频段 $[k, 2k]$ 内的信号功率为

$$\int_k^{2k} S(\lambda) d\lambda \sim \ln 2.$$

粉红噪声在每八度音阶中具有相同的能量 (如果可见光具有相似的光谱, 则它是粉红色的). 我们的听力范围是 20~40 Hz 到 10k~20k Hz. 人耳以对数方式处理音频, 粉红色是均匀的声音, 没有嘶嘶声.

布朗运动与白噪声

让我们来讨论 “布朗” 噪声. 布朗运动其实以植物学家布朗 (Robert Brown) 命名, 他首先进行了科学实验以解开迷人现象的奥秘, 即在显微镜下观察到悬浮在静止液体中的花粉粒等微小颗粒不规则且连续地移动. 布朗运动 (BM) 就是布朗所观察到现象的数学模型. 事实上, 布朗运动的 “颜色” 与棕色或红色相差不远, 因为 $S(\lambda) \sim \frac{1}{\lambda^2}$. 如今, 布朗运动被用来描述各种具有如此特征的物理现象: 其中某个量在不断地经受随机波动.

这个以布朗命名的现象据说在布朗之前就已经被观察到了, 植物学家、化学家、理论与实验物理学家以及数学家们一直对它很感兴趣. 在布朗于 1827 年发表他的观察后, 它甚至受到了大众的关注.

有许多解释布朗运动的流行理论, 但大部分被布朗否定. 其中一个是活力理论, 称"花粉是有生命的"; 布朗通过用微量矿物质代替花粉否定了它. 他还否定了这样的理论, 即认为这是光线玩的把戏, 最后为大家所接受的理论是, 花粉受到了不断运动和碰撞的水分子的轰击. 然而当时没有显然的方法来验证它, 因为布朗粒子有一特征: 它们连续移动但没有明确的方向 (例如, 不存在可测量的速度). 这个理论是布朗在 1827—1829 年间提出来的, 它符合原子理论.

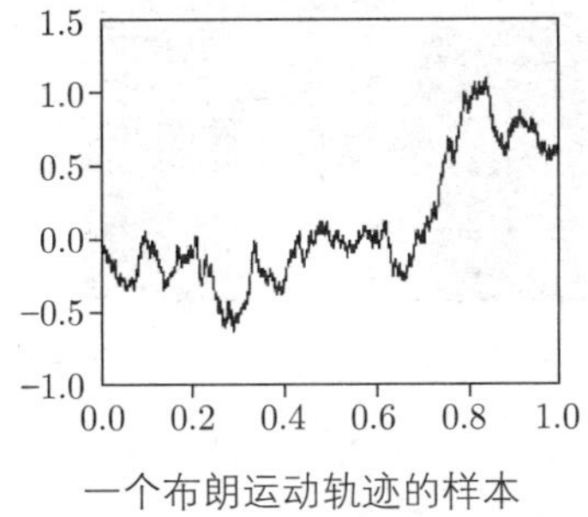

一个布朗运动轨迹的样本

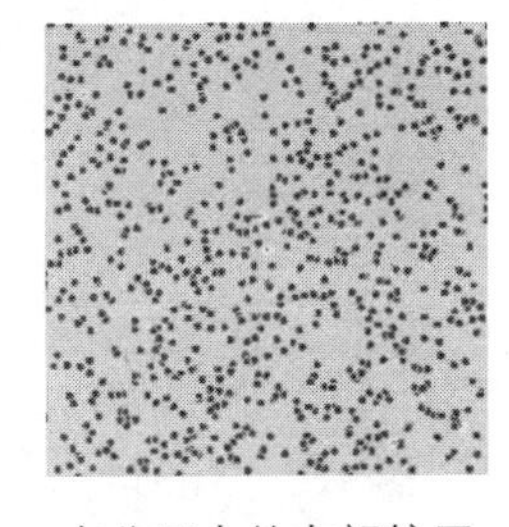

水分子中的布朗粒子

一个表面布朗运动的轨迹

"物质由原子构成" 的理论, 是道尔顿 (John Dalton) 等人在大约 1808 年提出的, 当时被化学家所接受却被大多数物理学家拒绝. 统计力学开创者之一玻尔兹曼 (Ludwig Boltzmann) 因其前卫的但令人皆知的动力学理论以及热力学第二定律而受到嘲笑. 他说明热力学第二定律只是一个统计事实. 苏格兰的麦克斯韦 (James Clerk Maxwell) 和美国的吉布斯 (Josiah Willard Gibbs) 确实支持并促成了这一理论, 否则他的工作直到他 62 岁去世 (自杀) 也不会被认可. 以下的话引自《大英百科全书》:

> "物质趋向于从高浓度区域稳定扩散到低浓度区域的物理过程称为扩散. 扩散因此可以被认为是布朗运动在微观层面上的宏观表现. 于是可以通过模拟布朗粒子的运动并计算其平均行为来研究扩散. 有无数的扩散过程通过布朗运动来研究, 例如: 大气中污染物的扩散, 半导体中"空穴" (其电势为正的微小区域) 的扩散, 以

及活生物体的骨组织中钙的扩散. ”

用数学的语言来描述, 扩散就是一个连续移动的马尔可夫过程. 正是维纳 (Nobert Wiener) 在布朗运动的定义中引入的这种马尔可夫性质, 使布朗运动的数学公式和更一般的扩散过程变得精确. 因此布朗运动, 尤其是线性空间上的运动, 也被称为维纳过程.

到了 1905 年, 研究这种现象的分子动力学理论已经流行. 在这一年, 布朗运动热力学的解释终于被爱因斯坦 (Albert Einstein) 理论化和定量化 (他无意中使用了玻尔兹曼和吉布斯的热力学分子动力学理论), 并由佩兰 (Jean Baptiste Perrin) 完成了实验验证 (1908)——他因此项工作于 1926 年获得诺贝尔奖. 爱因斯坦甚至 “预测” 了布朗运动 (因为他当时并不知道布朗的工作):

“……根据原子理论, 必须有悬浮的微观粒子的运动可供观察……” 爱因斯坦在一开始并不知道布朗的发现. 1905 年也是爱因斯坦建立相对论并发现光电效应的一年.

爱因斯坦运用动力学理论、牛顿定律和斯托克斯定律, 推导出在时间 t 位置 x 上找到布朗运动粒子的概率密度的扩散方程,

$$\frac{\partial \rho}{\partial t} = \frac{kT}{6\pi\eta a}\Delta\rho,$$

假设粒子是半径为 a 的理想球体, 在液体或其他具有黏度系数 η 的介质中, T 是温度, k 是玻尔兹曼常数. 根据斯托克斯定律, 摩擦力为 $6\pi\eta a$; 粒子的扩散系数也由斯莫鲁霍夫斯基 (Marian Smoluchowski) 观察到,

$$\sigma = \text{温度} \cdot \frac{\text{玻尔兹曼常数}}{6\pi\eta a}.$$

扩散常数 σ 可以用统计方法观察得到, T, η, a 也是如此. 从而佩兰能够成功地得到玻尔兹曼常数的测量结果, 在可接受的精度范围内, 此结果与使用另一种方法的测量结果一致. 常数的 “真” 值为 $k = 1.380649 \times 10^{-23}\text{J/K}$, 单位为焦耳 (能量单位) 和开尔文 (温度单位).

佩兰于 1908 年做了一个物理实验, 所得到的关于玻尔兹曼常数的测量结果与用另一个方法得到的结果十分接近. 从而证实了原子理论和动力理论的有效性, 他因此获得了 1926 年的诺贝尔物理学奖.

斯莫鲁霍夫斯基也提出了一个布朗运动的理论, 与物理的布朗运动接近, 现在被称为斯莫鲁霍夫斯基极限.

布朗运动的数学严格构造最终由维纳在 1923 年完成, 他给出了布朗运动的马尔可夫性质的公式, 并通过热核规定了其转移函数.

维纳利用马尔可夫性质, 在连续道路的集合上构造了 "维纳测度" (Wiener measure). 布朗运动就是在 $C([0,1];\mathbf{R}^n)$ 中取值的随机变量, 其分布被称为 "维纳测度".

我听已故的拉里 · 马库斯 (Larry Markus) 讲过许多关于诺伯特 · 维纳的有趣故事. 一个故事是这样的: 维纳与一位大人物会面, 他的妻子抱怨他的穿着不适合这个场合, 特别是他没有系领带. 维纳的回应是写一张便条并送出他的一条领带, 他在纸条上写道: "请您看一下这条领带几分钟, 因为我在会面时忘记戴了. " 我不确定这些故事的真实性, 但维纳确实以心不在焉而闻名. 另一个故事是这样的. 一天维纳一家要搬到新房子, 他的妻子告诉他下班后去新房子. 他的腿当然把他带到了老房子里. 他正在努力想起新房子的地址, 看到一个小女孩坐在房子的楼梯上, 就问道: "嗨, 小女孩, 你知道维纳一家搬到哪里了吗? " 女孩回答: "爸爸, 妈妈说你会忘记去新房子". 第三个故事类似. 维纳的妻子需要离开一个晚上, 她说: "诺伯特, 晚上 10 点你会带孩子睡觉吗? " 维纳当然回答会. 当他的妻子回来时, 她问孩子们是否在床上, 维纳非常自豪地回答说: "是的, 四个人都在床上. 说服他们有点困难." 妻子生气了: "诺伯特, 我们只有三个孩子." 显然, 维纳设法说服孩子们的一个朋友也上床睡觉了.

我的老朋友拉里说: "我曾以为自己懂一点维纳过程, 但在听完维纳的讲座后, 我不再对它有任何了解. " 让我们给出布朗运动的另一个定义: 它是一个带有马尔可夫发生器 $\frac{1}{2}\Delta$ 的连续马尔可夫过程. 这个定义更容易被理解并且适用于黎曼流形上的布朗运动, 布朗运动的内在构造使用“标架丛” (frame bundle). 从这个定义中, 我们看到了它与几何理论以及 PDE 的直接联系:

$$\frac{d}{dt}u_t = \frac{1}{2}\Delta u_t.$$

其中拉普拉斯–贝尔特拉米 (Laplace-Beltrami) 算子可以用其他没有零阶项的正型二阶微分算子代替, 以获得更一般的扩散过程. 直线上布朗运动一个更简单的定义是: 它是一个连续的高斯过程, 在时间 t (且带独立增量) 上有协方差 $\mathbb{E}(B_tB_s) = |t-s|$. 它也可以定义为具有初始值 0 和二次变分 t 的连续鞅. 维纳测度理论导致了高斯测度理论、Malliavin 随机变分、随机分析、随机变异、路径/圈分析, 以及对数热核的梯度/黑塞估计.

布朗运动是什么样子的?

根据佩兰在“布朗运动与分子现实” (Brownian movement and molecular reality, 1909) 一文中的描述: “运动非常不规则, 由‘平移’和‘旋转’组成, 其轨迹似乎‘没有切线’.”

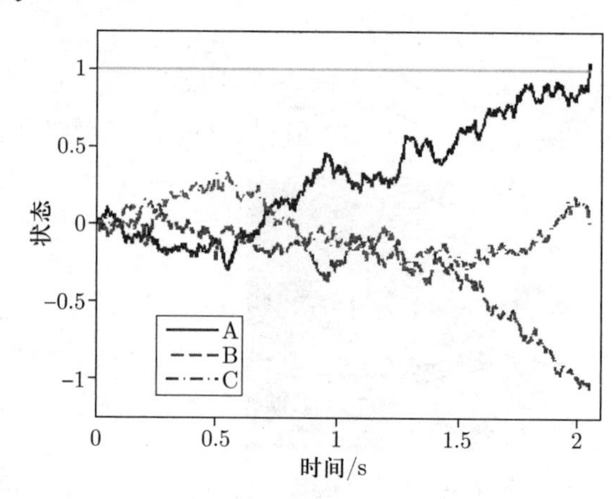

有些人不太满意对布朗运动的笼统描述, 他们想要得到更多的物理含义. 在讨论这个问题之前, 让我们引入一个有趣的随机过程, 即奥恩斯坦–乌伦贝克 (Ornstein-Uhlenbeck) 过程 $y(t)$, 它被提议用来模拟粒子的速度, 其加速度由摩擦和白噪声相互制约产生, 见下文. 我们有:

$$S(\lambda) = \frac{4}{1+4\pi^2\lambda^2}, \qquad R(t) = 2e^{-|t|}.$$

它们与 $\dot{x}(t) = y(t)$ 一起组成方程组, 被称为“朗之万方程” (Langevin equation). 布朗运动不是一个平稳过程, 它没有确定的速度, 我们可以用 OU 加上摩擦力来近似它. 相关性是 $|t|$ 加上大常数 (∞). 在此意义下, PSD 的阶是 $\frac{1}{\lambda^2}$.

更准确地说, 奥恩斯坦 (Leonard Ornstein) 和乌伦贝克 (George Eugene Uhlenbeck) 在 20 世纪 30 年代提出了以下布朗运动的动力学/物理模型:

$$\begin{cases} \dfrac{d}{dt}x^\epsilon(t) = v^\epsilon(t), \\ \dfrac{d}{dt}v^\epsilon(t) = -\dfrac{1}{\epsilon}v^\epsilon(t) + \dfrac{1}{\epsilon}\dot{W}(t). \end{cases}$$

当然, 后一个方程被解释为可积方程, $\frac{1}{\epsilon}$ 表示系统的温度. 被称为克拉默斯–斯莫鲁霍夫斯基 (Kramers-Smoluchowski) 极限的位置变量极限 ($\epsilon \to 0$), 就是布朗运动:

$$x^\epsilon(t) = \int_0^t v^\epsilon(s)ds = -\epsilon v^\epsilon(t) + W_t.$$

其速度场如果收敛的话, 就是白噪声. 这也模拟了在湍流环境中, 受到热动力波动影响的被动示踪剂的移动. 这是同质化问题/扩散创建的原型. 在这个方程中, 位置变量以速率 1 移动, 速度变量以速率 $\frac{1}{\epsilon}$ 移动, 快速变量是一个平稳的强混合马尔可夫过程 (具有光谱间隙). 请注意, 每个 $x^\epsilon(t)$ 在时间上都是可微的, 而其极限的样本路径是不可微的.

大数定律、中心极限定理与布朗运动

我们稍后解释的随机平均理论与概率论中的三个基本定理密切相关 (至少在直觉层面上): 大数定律、中心极限定理和唐斯克不变性原理.

大数定律 (Law of Large Numbers, LLN) 指出, 设 $\{X_i\}$ ($i = 1, 2, \cdots, n$) 是独立同分布的实值随机变量序列, 特别是它们有相同的带有有限方差的数学期望 (记为 μ), 则当 $n \to \infty$ 时有

$$\frac{1}{n}\sum_{i=1}^{n} X_i(\omega) \to \mu.$$

这对几乎所有的样本成立. 其数学期望就是样本平均

$$\mu = \mathbb{E}X_i = \int_\Omega X_i(\omega)dP(\omega).$$

令 $S_n(\omega) = \sum_{i=1}^n X_i(\omega)$ 为前 n 个值的和. 该定理指出, 由随机变量 X_i 表示的独立随机事件的时间平均值与其样本平均值大致相同. 大数定律早在 1713 年就被伯努利在抛硬币的实验中观察到. 人们很快发现它适用于所有具有 (以及不具有) 有限方差的独立同分布随机变量. 在抛硬币的例子中, 随机过程 X_i 的样本只是通过观察结果而获得的数字序列. 对于几乎所有的抛硬币和足够大的 n, 我们应该观察到硬币的均匀性: 在任何抛硬币中正面朝上的概率 p, 在这种情况下均值 $\mu = 0$. 然而有罕见的机会, 我们看到, 当 n 非常大时, 样本的平均值不接近于 0. 这些是罕见的事件, 也称为大偏差, 它们可以更容易地用布朗运动来解释. 我在这里讲的抛硬币例子, 充其量只是一个说明. 这种现象有很多应用, 我们在自己的生活中不自觉地运用了这条法则.

有一个用于平稳过程的大数定律, 被称为伯克霍夫 (Birkhoff) 遍历定理, 它是随机平均方法的基础.

第二个重要定理是*中心极限定理* (Central Limit Theorem, CLT), 它被用

来支持高斯普适类中的均值波动理论:

$$\frac{1}{\sqrt{n}\sigma}S_n \to N(0,1),$$

这里 $N(0,1)$ 表示标准高斯测度/高斯分布 (即由钟形曲线表示的概率分布), 它由棣莫弗 (Abraham de Moivre) 于 1733 年在抛硬币的实验中发现. 他的发现有一段时间被大部分人所忽视, 直到 1812 年拉普拉斯 (Pierre-Simon Laplace) 在他的辉煌著作中对它做了扩充和解释. 在 19 世纪, 中心极限定理是概率论的支柱之一.

我们可以用一个基本实验来演示这个定理.

让我们想象做这样一个仪器, 它有许多排和许多层的插槽, 每个槽都有两个通向下一层插槽的开口, 顶部则有一个开口. 我们开始不断地将小球放入顶部开口. 球体将直接落入下层两个槽之一. 一段时间后, 我们看到一个钟形曲线. 应该很容易制作一个电脑游戏来实现这个实验.

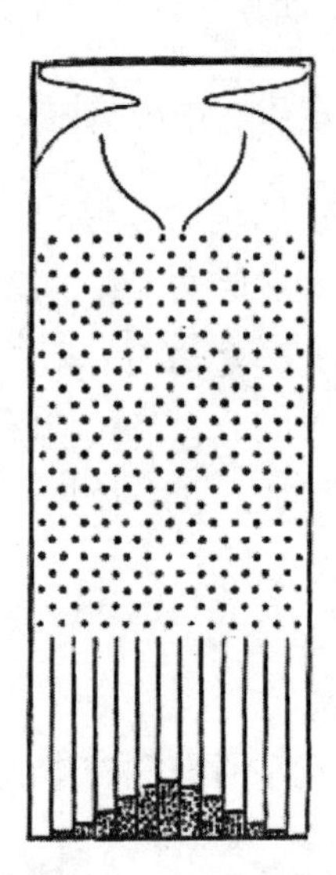

这个定理解释了, 我们为什么在数学模型和现实世界中经常看到高斯分布. 把它推广到连续马尔可夫过程, 就是泛函中心极限定理. *唐斯克不变性原理* (Donsker's invariance principle) 是通过缩放将抛硬币与布朗运动联系起来的皇冠宝石:

$$\frac{S_{[nt]}}{\sqrt{n}} \to W_t \quad (\text{一个布朗运动}).$$

这个定理使得布朗运动被大量应用于数学模型中.

分形噪声

到目前为止, 我们看到噪声有各种形状、颜色和尺度. 一组特征可能比其他一些特征更符合实验和统计数据. 现在让我们为在时间上相关的噪声建立一个模型, 分形布朗运动 (fractional BM, fBM): 它具有无限的时间相关性, 对于间隔 t 的两个时间, 相关性为 $|t|^{2-2H}$, $H \neq \frac{1}{2}$. 这也是一个自相似的过程. 有趣的是, 这个过程在离散时间的情况下可能不遵守中心极限定理. 这种噪声自然地出现在经济周期的研究中. Hurst, Black 和 Sinaika (1956) 在研究尼罗

河水流的时间序列数据时, 观察到噪声在它们的增量之间具有长跨度的相互依赖性.

埃及的农业依赖于每年尼罗河的洪水. 一到夏天, 尼罗河泛滥, 淹没周边地区, 为农业留下肥沃的淤泥. 如果淹没不充分, 只有一小块区域被淤泥覆盖, 饥荒就会随之而来. 过多的洪水则会造成破坏, 破坏基础设施. 在法老时期, 对水流的预测被用来计算税收. 年流量记录保存了三千年, 留下了丰富的数据.

1906 年 10 月, 哈罗德 · 赫斯特 (Harold Hurst) 开始在埃及的调查部门工作. 他领导下的物理部门负责收集整个尼罗河流域的资料. 他们发现水流之间存在长跨度的相互依赖, 并算出其协方差为 t^H, $H \sim 0.7$. 这种 "赫斯特现象" 被 Mandelbrot 和 Van Ness 用 fBM 建模 (1968).

引自 Mandelbrot-Van Ness (1968): "fBM 的基本特征是, 它们的增量之间 '相互依赖的跨度' 可以说是无限的. 作为对比, 随机函数的研究绝大多数集中于独立随机变量的序列、马尔可夫过程以及其他具有如此性质的随机函数: 它们的相隔足够远的样本是 (或者几乎是) 彼此独立的. " 关于随机机会现象的经验研究往往提示, 在相隔甚远的样本之间有非常强的 "相互独立性"; 而 fBM 恰与之相反. 赫斯特发现, 累积水流量的范围按 t^H $(1/2 < H < 1)$ 的比例变化.

fBM 不是马尔可夫过程, 也不是半鞅 (semi-martingale). 其样本路径在 $\mathbb{C}^{H-}$ 中. 如果 $H = \frac{1}{2}$, 则它是一个布朗运动; 否则, 它会有彼此依赖的增量.

fBM 具有自相似结构, 类似于由芒德布罗 (Mandelbrot) 等人所研究的著名的分形, 以捕捉在各个层面持续存在的粗糙度. 它通常被认为是与自身的一部分完全或近似自相似的一种模式.

随机过程 X 是自相似的, 具有自相似指数 H, 如果在分布中有 $X_{ct} = c^H X_t$.

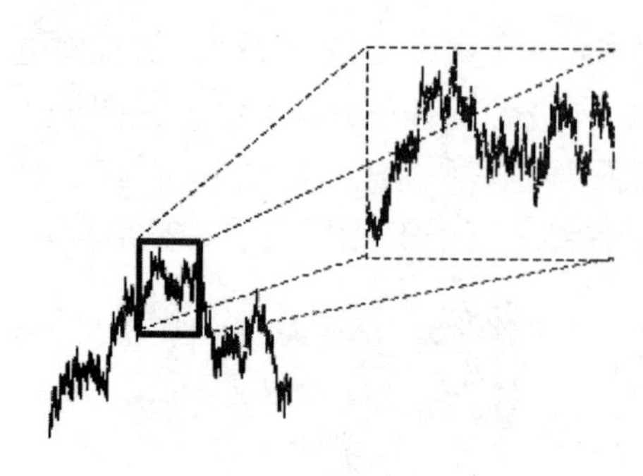

数学物理研究自相似过程, 因为它们在临界现象和重整化理论中具有数学相关性. 带赫斯特参数 H 的 fBM 是具有平稳增量和相似指数 H 的连续自相似高斯过程.

1. 随机过程的随机分析

布朗运动、随机积分和微积分 给定任意函数 f 的有限变差和连续函数 g, 我们可以定义黎曼–斯蒂尔切斯 (Riemann-Stieltjes) 积分 $\int_0^t f_s dg_s$, 作为"黎曼–斯蒂尔切斯和" $\sum_i f(x_i^*)(g(x_i) - g(x_{i-1}))$ 的极限, 其中 $x_0, \cdots, x_N$ 是 $[0,t]$ 的一个分拆, 且 $x_i^* \in (x_{i-1}, x_i)$. 固定一典型的机会变量 ω, 一个布朗运动路径 $B(t,\omega)$ 则典型地对于 $\alpha < \frac{1}{2}$ 仅为阶 α 的 Hölder 连续. 所以我们不奢望能定义积分 $\int_0^t f_s dB(s,\omega)$, 除非 f 还满足进一步的正则假设. 如果 $f \in \mathbb{C}^\beta$ 且 $\beta > \frac{1}{2}$, 则杨 (Young) 积分被定义.

伊藤积分理论的奇妙之处在于, 我们可以在 L_2 意义上定义积分 $\int_0^t f_s dB_s$, 并有"适应过程空间" $L^2([0,T] \times \Omega)$ 与 $L^2(\Omega)$ 的"伊藤等距". 积分由 $f \mapsto (\int_0^t f_s dB_s, t \leqslant T)$ 给出. 需要注意的是, 积分仅针对几乎确定的所有样本 $\omega \in \Omega$ 并且 f 必须适应布朗运动的过滤 (filtration). 这也允许我们对形如 $\int_0^t h_s dB_s + \int_0^t a_s ds$ 的过程定义积分, 称为"伊藤过程"和"特殊半鞅". 有了这个, 就建立起伊藤形式的随机微分方程 (SDE) 理论:

$$dX_t = \sigma(X_t)dW_t + f(X_t)dt.$$

每个扩散过程可以被写成 SDE 的解. 在流形上, 我们使用相应的"Stratonovich 积分", 它很好地符合链式规则因而满足坐标卡变换.

马尔可夫过程 那些具有马尔可夫性质的随机过程令人感兴趣: 其未来值仅依赖于现值. 换句话说, 知道了一个马尔可夫过程的现在, 则其未来与其过去无关. 如果一个马尔可夫过程具有连续的样本路径, 即固定机会变量 ω

后, $t \mapsto X(t,\omega)$ 是一个连续函数, 则这样的过程通常会解出如下形式的随机微分方程

$$X(t) = X(0) + \int_0^t \sigma(X_s)dB_s + \int_0^t f(X_s)ds.$$

它们的统计性质由一族二阶抛物线微分方程确定. 其概率分布则由以下的生成元刻画

$$\frac{\partial}{\partial t} = \mathcal{L}, \qquad \mathcal{L} = \frac{1}{2}\sum_{k=1}^{m}(\sigma_k)^2 + f.$$

布朗运动之外, 马尔可夫性质, 独立增量 随机微积分理论的很大一部分建立在伊藤微积分和马尔可夫过程之上, 其他一部分则是基于带独立增量的随机过程, 而后者所指的是, 假设 $[s,t]\cap[u,v]=\emptyset$, 则 $(X_t - X_s)$ 与 $(X_u - X_v)$ 相互独立或不相关. 从统计数据上来看, 我们看到具有如此性质的噪声是不受过程控制的. 分形噪声就是其中一种.

粗路径积分 杨积分定理 (1936) 适用于两个函数的 Hölder 指数之和大于 1 的情况. 众所周知, 映射 $(f,g)\to\int_0^t f_s dg_s$ 在 $\mathbb{C}^\alpha \times \mathbb{C}^\beta$ 上不连续, 除非 $\alpha+\beta>1$. 然而, 由于 Lyons 和多位其他随机分析学家最近的工作, 现在有一个漂亮的积分理论, 可同时包括杨积分和伊藤积分, 当然后一种积分仍然有其优势. 在发展之初, 重点一直放在路径积分理论本身, 最近我们看到在不同的数学领域中的许多开创性应用, 尤其是在随机分析领域. 我从两个尺度 (慢/快随机系统) 的角度来说明这一点, 因为这触及了处于概率论核心的扰动理论的基本问题, 而我目前正在研究这个问题, 并且它也与许多其他领域有关, 例如随机方程的正则化和不规则曲线.

2. 慢/快系统, 遍历性, 有效运动

当我们研究一个用 x 表示的变量/数量的演变时, 会遇到其他相互作用的变量, 它们或者与 x 具有相同的尺度, 因而被平等对待; 或者其尺度小很多而基本上可以忽略不计; 或者它们会在微观尺度 ϵ 上演化, 被称为快变量, 我们用 y 表示. 例如, y 可能有近似周期性, 或具有混沌行为, 或呈现遍历性质, 于是可以分析其对 x 变量的影响. 在 x 的自然尺度上的任何有限时间内, y 可能出现在其状态空间中的任何地方. 当 $\epsilon\to 0$ 时, 来自快变量的持续影响将通过 "绝热变换" (adiabatic transformation) 被编码在 "均值" 慢运动中. 然后我们期望 $\lim_{\epsilon\to 0} x_t^\epsilon$ 存在; 其极限将是自洽的 (autonomous), 不依赖于 y 变量. 换句话说, y 的作用被绝热地传递给 x, 从而 x 的演化可以通过被称为 x 的有效动力学的自洽系统来近似.

均值原理

均值原理 (averaging principle) 可以看作随机方程系统中的大数定律. 另一方面, 扩散同质化定理 (diffusive homogenisation theorem) 则是随机 ODE 系统的中心极限定理. 由布朗运动驱动的 SDE 随机均值的研究始于 20 世纪 60 年代的 Stratonovich 和 Khasminskii. 在他们 (以及随后的) 对于这个热门课题的研究中, 有效动力学是马尔可夫过程.

很久以前, 在对于作用角坐标 (action angle coordinate) 中的哈密顿系统和无理旋转的研究中, 已观察到均值原理. 令 $\omega=(\omega_1,\cdots,\omega_n)$ 在 $\mathbb{Q}$ 上线性无关, 并且 $f\in L^1(T^n)$, 则有

$$\lim_{t\to\infty}\frac{1}{t}\int_0^t f(x_0+t\omega)ds=\int_{T^n}f(y)\mu(dy).$$

均值原理说, $\dot{x}_t^\epsilon=f(x_t^\epsilon,y_t^\epsilon)$ 可以被 $\dot{x}_t=\bar{f}(x_t)$ 近似. 其思路是, 如果在慢变量的尺度上和有限的时间间隔中, 快运动是遍历性的, 则快变量很快会 "无处不在", 这种均衡 (equilibrium) 可被利用. 取极限, 就得到一个自洽均值方程. 平稳高斯过程 (y_t) 是遍历性的, 当且仅当其谱测度没有原子, 这时我们得到极限

$$\lim_{t\to\infty}\frac{1}{t}\int_0^t f(y_s)ds=\int f(y)\mu(dy),$$

其中 μ 是 y_t 的概率分布.

在随机均值中, 我们研究随机微分方程

$$dx_t=f(x_t,y_t^\epsilon)dW_t+g(x_t,y_t^\epsilon)dt,$$

当 $\epsilon\to 0$ 时, 其解可用一个带均值马尔可夫生成元的马尔可夫过程来近似. 这里, y_t^ϵ 通常取自 $y_{\frac{t}{\epsilon}}$, y_t 则是一个呈现遍历性的随机过程.

慢/快随机系统的研究主要集中在经典 SDE 上, 其有效性得到了伊藤积分理论的验证, 而其研究则由布朗运动或其他半鞅推动. 不过, 这些经典模型的适用性依赖于独立性假设.

3. 双尺度分形噪声

我们的主要问题是用 "均值" 和 "同质化" 技术来研究两个尺度的系统, 其中涉及这种或那种的分形噪声. 在这方面几乎没有任何工作. 主要关注的问题之一是积分理论. 伊藤微积分在此不适用, 杨积分理论用于急需的统一形式 L_p 估计的效果很差. 获得这个估计对于求解 ODE 或求解伊藤和 Stratonovich 形式的随机微分方程来说已经为人熟知, 而对于两个尺度的分形积分来说还是一个未知领域.

使用 fBM 的动机来自“长程依赖性” (Long Range Dependence, LRD), 它普遍存在于数学建模中, 并在经济周期和数据网络等时间序列数据中被观察到, 经典理论无法对其进行建模. 随着粗路径和规则结构等新兴领域的发展, 我们有可能迎接挑战, 建立具有长程和短程同相关的分形噪声的随机动力学多尺度理论.

分形动力学的随机均值

在 [HL20] 中提供了 $H>\frac{1}{2}$ 情况下的随机分形理论, 其中关键的统一形式估计是通过首先用维纳积分逼近黎曼–斯蒂尔切斯积分来获得的. 然而, 对随机本性的重新解释意味着, “概率收敛” 与来自慢变量和快变量的联合随机性有关. 因此, 其方法论和均值方法都不同于扩散的情况.

如果 $F\in\mathbb{C}^{\alpha}$, $b\in\mathbb{C}^{\beta}$, 并且 $\alpha+\beta>1$, 则

$$\int_0^t F_s db_s=\lim_{|\mathbb{C}P|\to 0}\sum_{[u,v]\subset\mathcal{P}} F_u(b_u-b_v)\in\mathbb{C}^{\beta},$$

这里 $\mathcal{P}$ 表示 $[0,t]$ 的分拆. 于是可以使用杨界 (Young bound) 工具来求解形如 $dx_t=f(x_t)dy_t$ 的方程, 具体见 [Lyo94]. 现设赫斯特参数 $H>\frac{1}{2}$, 则对于任何的 $\alpha<H$, 几乎所有的 fBM 路径都在 $\mathbb{C}^{\alpha}$ 中. 考虑

$$dx_t=f(x_t,y_t^{\epsilon})dB_t^H+g(x_t,y_t^{\epsilon})dt,$$

其中 $\int_0^t f(x_s^{\epsilon},y_s^{\epsilon})dB_s^H$ 是路径杨积分. 然而, 对于这种类型的方程不存在有效动力学理论; 用于估计的基本和唯一可用工具不会导致 ϵ 中所需的统一界限. 为了研究这个系统, 我们利用 [Lê20] 中的结果, 引入了杨积分的新解释/近似.

我们先讨论 ODE 和 SDE 的情况. (1) 首先考虑 $\dot{x}_t^{\epsilon}=g\Big(x_t^{\epsilon},y_t^{\epsilon}(\omega)\Big)$. 关于确定的或随机的 ODE 的元定理 (the meta theorem) 是 $x_t^{\epsilon}\to\bar{x}_t$, 其中 $\dot{\bar{x}}=\bar{g}(\bar{x})$, $\bar{g}(x)=\int g(x,y)\mu(dy)$. (2) 对于随机微分方程,

$$dx_t^{\epsilon}=g\left(x_t^{\epsilon},y_t^{\epsilon}(\omega)\right)dt+f(x_t^{\epsilon},y_t^{\epsilon})dW_t,$$

其中 W_t 是布朗运动, 其元定理说, x_t^{ϵ} 弱收敛于带均值生成元的马尔可夫过程. 这里使用了 “聪明均值” (smart averaging). 例如在一维的情况中, f 的聪明均值是

$$\overline{f}(x)=\sqrt{\int_Y f^2(x,y)\mu(dy)},$$

而在 (1) 中使用的是朴素均值 (naive averaging) $\overline{f}(x)=\int_Y f(x,y)\mu(dy)$.

作为对比, 我们在 [HL20] 中证明了, 与 $H=\frac{1}{2}$ 或 ODE 的情况不同, 我们有一个发生在概率中到平均解的收敛, 并有一个解决 “朴素” 平均方程的极限过程.

粗泛函中心极限定理

马尔可夫过程的“泛函极限定理”是随机系统尺度极限理论 (the scaling limit theory) 的基础. 受我们的同质化问题的启发, 我们证明了一个粗泛函 CLT 定理, 它允许我们使用最近开发的粗路径理论中的工具来发展新分形同质化和“粗创” (rough creation) 理论 [GL20a, GL20b]. 粗创是指方程由粗路径驱动, 该路径并非是布朗运动加上漂移项. 虽然后者现在是一个仍在发展中的经典理论, 但还没有产生其他类型粗噪声的理论.

回想一下泛函 CLT, 如果 $G\colon M \to \mathbb{R}$ 相对于平稳马尔可夫过程的平稳分布平均为零, 那么

$$\sqrt{\epsilon}\int_0^{t/\epsilon} G(y_s)ds \longrightarrow W_t$$

是一个布朗运动. 其收敛是在有限维分布的意义上. 以 y_s 作为平稳分形噪声, 并包括 $H=2$ 情况 (布朗运动) 的泛函 CLT 是这样的:

$$X_t^\epsilon = \alpha(\epsilon)\int_0^{t/\epsilon} G(y_s)ds,$$

这里 $\alpha(\epsilon)$ 是一个合适的尺度常数, 在粗路径拓扑中收敛. 在极限是维纳过程的情况下, 我们取 $\alpha(\epsilon)=\sqrt{\epsilon}$, 否则它取决于一个居中的 L_2 函数 G 的 Hermite 秩. 其极限过程是一系列自相似的 Hermite 过程. 该定理最显著的特征是, 其收敛包括 X_s^ϵ 在 Hölder 拓扑中的收敛, 并且我们还定义了一族二阶过程, 并证明它们也在粗路径拓扑中收敛. 对于 $H>\frac{1}{2}$, 其二阶过程的形式为

$$\mathbb{X}_{s,t}^\epsilon = \int_s^t X_{s,r}^\epsilon dX_r^\epsilon = \alpha(\epsilon)^2\int_s^t\int_s^r G(y_r)G(y_u)dudr.$$

这个新中心极限定理现在允许我们使用粗微分方程的理论来获得均质化结果 [GL20b], 它们由分形奥恩斯坦 – 乌伦贝克过程驱动以及由具有适当相关性的高斯过程驱动 [GLS21].

相关环境中的同质化

我们现在可以考虑来自平均动态的波动问题. 假设 $y_t^\epsilon = y_{t/\epsilon}$ 是赫斯特参数为 H 的一个合适的平稳过程, 而 $G_iG_k\colon \mathbb{R}\to\mathbb{R}$ 是关于 y_t 一次性分布 (one time distribution) 的均值为零的 L^2 函数. 考虑

$$\begin{cases}\dot{x}_t^\epsilon = \displaystyle\sum_{k=1}^N \alpha_k(\epsilon) f_k(x_t^\epsilon)G_k(y_t^\epsilon),\\ x_0^\epsilon = x_0,\end{cases}$$

此问题的挑战点在于所谓的"长程依赖"以及 y 过程缺乏强混合性质. 正确的尺度被证明有以下的函数相关性:

$$\alpha_k = \begin{cases} \frac{1}{\sqrt{\epsilon}}, & 若\ H^*(m_k) < \frac{1}{2}, \\ \frac{1}{\sqrt{\epsilon|\ln(\epsilon)|}}, & 若\ H^*(m_k) = \frac{1}{2}, \\ \epsilon^{H^*(m)-1}, & 若\ H^*(m_k) > \frac{1}{2}. \end{cases}$$

这里 $H^*(m) = (H-1)m+1$, 其中 m 是函数的 Hermite 秩, 关于该函数的泛函极限定理沿 y_t^ϵ 成立.

我们现在要把这个方程转为粗路径方程, 为此首先引入一族二阶过程和粗驱动因素. 然后可以证明一个粗泛函 CLT, 接下来解 x_t^ϵ 的收敛性则依赖于来自粗路径理论的连续性定理. 元定理是 [GL20a]: 方程的解收敛到

$$dx_t = \sum_{i=1}^m c_i \sigma_k(x_t) dZ_t^{H,m}.$$

极限方程是一个粗微分方程, 可以解释为一个混合的伊藤–杨方程.

结束语 长程相关的慢/快随机过程的有效动力学是一个新开发的研究领域. 本文所介绍的关于"分形动力学随机均值"的结果是基于文献 [HL20], 关于"粗泛函中心极限定理"和"相关环境同质化"的结果则基于 [GL20a, GL20b]. 有关最近的进展参见 [GLS21]. [LS20] 也获得了一个关于分形快动力学的均值定理, 我们在此不做详细讨论. 近来出现了大量的关于均值领域中慢/快系统的研究, 其所用到的分形积分不涉及快变量, 因而可使用传统的研究方法, 所得到的结果也将如同经典理论中的结果. 文后的参考文献中包含了几篇关于马尔可夫过程双尺度系统的研究论文.

致谢 本文中一些图片取自因特网, 有的图片利用电影《莫扎特传》的声音生成. 作者感谢 2019 年第十届清华三亚国际数学论坛主办方盛情邀请做数学史大师讲座报告! 感谢《数学与人文》丛书主编给予难得的机会来展示我所热爱的研究课题!

参考文献

[BT13] Shuyang Bai and Murad S. Taqqu. Multivariate limit theorems in the context of long-range dependence. *J. Time Series Anal.*, 34(6): 717–743, 2013.

[BC17] I. Bailleul and R. Catellier. Rough flows and homogenization in stochastic turbulence. *J. Differential Equations*, 263(8): 4894–4928, 2017.

[BH02] Samir Ben Hariz. Limit theorems for the non-linear functional of stationary Gaussian processes. *J. Multivariate Anal.*, 80(2): 191–216, 2002.

[BT05] Brahim Boufoussi and Ciprian A. Tudor. Kramers-Smoluchowski approximation for stochastic evolution equations with FBM. *Rev. Roumaine Math. Pures Appl.*, 50(2): 125–136, 2005.

[Bré21] Charles-Edouard Bréhier. The averaging principle for stochastic differential equations driven by a Wiener process revisited, arXiv:2104.14196, 2021.

[BGS19] Solesne Bourguin, Siragan Gailus, and Konstantinos Spiliopoulos. Typical dynamics and fluctuation analysis of slow-fast systems driven by fractional Brownian motion, 2019.

[CH21] R. Catellier and F. A. Harang. Pathwise regularization of the stochastic heat equation with multiplicative noise through irregular perturbation, arXiv: 2101.00915, 2021.

[DOP21] Jean-Dominique Deuschel, Tal Orenshtein, and Nicolas Perkowski. Additive functionals as rough paths. *Ann. Probab.*, 49(3): 1450–1479, 2021.

[CFK+19] Ilya Chevyrev, Peter K. Friz, Alexey Korepanov, Ian Melbourne, and Huilin Zhang. Multiscale systems, homogenization, and rough paths. In *Probability and Analysis in Interacting Physical Systems*, 2019.

[DM79] R. L. Dobrushin and P. Major. Non-central limit theorems for nonlinear functionals of Gaussian fields. *Z. Wahrsch. Verw. Gebiete*, 50(1): 27–52, 1979.

[EKN20] Katharina Eichinger, Christian Kuehn, and Alexandra Neamt. Sample paths estimates for stochastic fast-slow systems driven by fractional Brownian motion. *Journal of Statistical Physics*, 179(4): 1222–1266, 2020.

[FGL15] Peter Friz, Paul Gassiat, and Terry Lyons. Physical Brownian motion in a magnetic field as a rough path. *Trans. Amer. Math. Soc.*, 367(11): 7939–7955, 2015.

[FH14] Peter K. Friz and Martin Hairer. *A course on rough paths.* Universitext. Springer, Cham, 2014. With an introduction to regularity structures.

[FK00] Albert Fannjiang and Tomasz Komorowski. Fractional Brownian motions in a limit of turbulent transport. *Ann. Appl. Probab.*, 10(4): 1100–1120, 2000.

[HBS65] Harold Edwin Hurst, R. P. Black, and Y.M. Sinaika. *Long Term Storage in Reservoirs, An Experimental Study.* Constable, London, 1965.

[GC16] M. Gubinelli and R. Catellier. Averaging along irregular curves and regularisation of ODEs. *Stochastic Processes and their Applications*, 126(8): 2323–2366, 2016.

[Geh20] Johann Gehringer. Functional limit theorems of moving averages of hermite processes and an application to homogenization, arXiv: 2008.02876, 2020.

[GL20a] Johann Gehringer and Xue-Mei Li. Diffusive and rough homogenisation in fractional noise field. Part 2 of an improved version of arXiv: 1911.12600, 2020.

[GL20b] Johann Gehringer and Xue-Mei Li. Functional limit theorems for the fractional Ornstein-Uhlenbeck process. *J. Theoretical Probability*, 35(1): 1–31, 2020. https://doi.org/10.1007/s10959-020-01044-7, c.f. arXiv: 1911.12600.

[GLS21] Johann Gehringer, Xue-Mei Li, and J. Sieber. Functional Limit Theorems for Volterra Processes and Applications to Homogenization, arXiv: 2104.06364, 2021.

[HL20] Martin Hairer and Xue-Mei Li. Averaging dynamics driven by fractional Brownian motion. *Ann. Probab.*, 48(4): 1826–1860, 2020.

[Has66] R. Z. Hasminskii. Certain limit theorems for solutions of differential equations with a random right side. *Dokl. Akad. Nauk SSSR*, 168(4): 755–758, 1966.

[KM17] David Kelly and Ian Melbourne. Deterministic homogenization for fast-slow systems with chaotic noise. *J. Funct. Anal.*, 272(10): 4063–4102, 2017.

[KLO12] Tomasz Komorowski, Claudio Landim, and Stefano Olla. *Fluctuations in Markov processes*, volume 345 of *Grundlehren der Mathematischen Wissenschaften* [*Fundamental Principles of Mathematical Sciences*]. Springer, Heidelberg, 2012. Time symmetry and martingale approximation.

[Lê20] Khoa Lê. A stochastic sewing lemma and applications. *Electron. J. Probab.*, 25: 1–55, 2020.

[KV86] C. Kipnis and S. R. S. Varadhan. Central limit theorem for additive functionals of reversible Markov processes and applications to simple exclusions. *Comm. Math. Phys.*, 104(1): 1–19, 1986.

[Li08] Xue-Mei Li. An averaging principle for a completely integrable stochastic Hamiltonian system. *Nonlinearity*, 21(4): 803–822, 2008.

[LS20] Xue-Mei Li and Julian Sieber. Slow/fast systems with fractional environment and dynamics, arXiv: 2012.01910, 2020.

[Lyo94] Terry Lyons. Differential equations driven by rough signals. I. An extension of an inequality of L. C. Young. *Math. Res. Lett.*, 1(4): 451–464, 1994.

[LCL07] Terry J. Lyons, Michael Caruana, and Thierry Lévy. *Differential equations driven by rough paths*, volume 1908 of *Lecture Notes in Mathematics*. Springer, Berlin, 2007. Lectures from the 34th Summer School on Probability Theory held in Saint-Flour, July 6–4, 2004, With an introduction concerning the Summer School by Jean Picard.

[Mis08] Yuliya S. Mishura. *Stochastic calculus for fractional Brownian motion and related processes*, volume 1929 of *Lecture Notes in Mathematics*. Springer, Berlin, 2008.

[MT07] Makoto Maejima and Ciprian A. Tudor. Wiener integrals with respect to the Hermite process and a non-central limit theorem. *Stoch. Anal. Appl.*, 25(5): 1043–1056, 2007.

[MVN68] Benoit B. Mandelbrot and John W. Van Ness. Fractional Brownian motions, fractional noises and applications. *SIAM Rev.*, 10(4): 422–437, 1968.

[Nel67] Edward Nelson. *Dynamical theories of Brownian motion.* Princeton University Press, Princeton, N.J., 1967.

[NNZ16] Ivan Nourdin, David Nualart, and Rola Zintout. Multivariate central limit theorems for averages of fractional Volterra processes and applications to parameter estimation. *Stat. Inference Stoch. Process.*, 19(2): 219–234, 2016.

[PIX20] Bin Pei, Yuzuru Inahama, and Yong Xu. Averaging principles for mixed fast-slow systems driven by fractional Brownian motion, arXiv: 2001.06945, 2020.

[Sam06] Gennady Samorodnitsky. Long range dependence. *Found. Trends Stoch. Syst.*, 1(3): 163–257, 2006.

[Taq77] Murad S. Taqqu. Law of the iterated logarithm for sums of non-linear functions of Gaussian variables that exhibit a long range dependence. *Z. Wahrscheinlichkeitstheorie und Verw. Gebiete*, 40(3): 203–238, 1977.

[You36] L. C. Young. An inequality of the Hölder type, connected with Stieltjes integration. *Acta Math.*, 67(1): 251–282, 1936.

编者按: 本文是作者在 2019 年第十届清华三亚国际数学论坛——首届当代数学史大师讲座上的演讲, 并做了适当的增补.

数学历史

从三角形到流形*

陈省身

译者: 尤承业

陈省身, 美籍华裔数学大师, 20 世纪伟大的几何学家. 他用内蕴的方法证明了高维的高斯–博内公式, 定义了陈省身示性类, 在整体微分几何的领域做出了卓越贡献, 影响了整个数学的发展, 被誉为“现代微分几何之父”. 杨振宁赞誉他为继欧几里得、高斯、黎曼、嘉当之后几何学又一里程碑式的人物. 曾先后主持、创办了三个数学研究所, 培养了一批世界知名的数学家. 晚年定居南开大学, 对中国数学的复兴做出了不可磨灭的贡献.

本文深入浅出地回顾了整体微分几何学的发展, 阐述了运用拓扑学的工具, 如何推进偏微分方程、大范围分析学、粒子物理中的统一场论和分子生物学中的 DNA 理论等的发展. 作者着重地指出局部的和整体的拓扑性质之间的联系, 强调“欧拉示性数是整体不变量的一个源泉”, 并鉴于“所有已知流形上的整体结果绝大多数是同偶维相关的”, 作者希望奇维的流形将受到更多的注意.

一、几何

我知道大家想要我全面地谈谈几何: 几何是什么; 这许多世纪以来它的发展情况; 它当前的动态和问题; 如果可能, 窥测一下将来. 这里的第一个问题是不会有确切的回答的. 对于“几何”这个词的含义, 不同的时期和不同的数学家都有不同的看法. 在欧几里得看来, 几何由一组从公理引出的逻辑推论组成. 随着几何范围的不断扩展, 这样的说法显然是不够的. 1932 年大几何学家 O. 维布伦和 J. H. C. 怀特海德说: “数学的一个分支之所以称为几何, 是因为这个名称对于相当多的有威望的人, 在感情和传统上看来是好的. ” [1] 这个看

---

*1978 年 4 月 27 日在美国加州大学伯克利分校所做“教授会研究报告”. 作者曾在北京、长春等地做过同样内容的报告, 现据预印本译出.

法, 得到了法国大几何学家 E. 嘉当的热情赞同 [2]. 一个分析学家, 美国大数学家 G. 伯克霍夫, 谈到了一个 "使人不安的隐忧: 几何学可能最后只不过是分析学的一件华丽的直观外衣" [3]. 最近我的朋友 A. 韦依说: "从心理学角度来看, 真实的几何直观也许是永远不可能弄明白的. 以前它主要意味着三维空间中的形象的了解力. 现在高维空间已经把比较初等的问题基本上都排除了, 形象的了解力至多只能是部分的或象征性的. 某种程度的触觉的想象也似乎牵涉进来了. " [4]

现在, 我们还是抛开这个问题, 来看一些具体问题为好.

二、三角形

三角形是最简单的几何图形之一, 它有许多很好的性质. 例如它有唯一的一个内切圆, 并有唯一的一个外接圆. 又例如九点圆定理, 20 世纪初几乎每个有一定水平的数学家都知道这个定理. 三角形的最引人深思的性质与它的内角和有关. 欧几里得说, 三角形的内角和等于 $180°$, 或 π 弧度. 这个性质是从一个深刻的公理——平行公理——推出的. 想绕开这个公理的努力都失败了, 但这种努力却导致了非欧几何的发现. 在非欧几何中, 三角形的内角和小于 π (双曲非欧几何) 或大于 π (椭圆非欧几何). 双曲非欧几何是高斯、J. 鲍耶和罗巴切夫斯基在 19 世纪发现的. 这一发现是人类知识史上最光辉的篇章之一.

三角形的推广是 n 角形, 或叫 n 边形. 把 n 角形割成 $n-2$ 个三角形, 就可看出它的内角和等于 $(n-2)\pi$. 这个结果不如用外角和来叙述更好: 任何 n 角形的外角和等于 2π, 三角形也不例外.

三、平面上的曲线, 旋转指数与正则同伦

应用微积分的工具, 就可以讨论平面上的光滑曲线, 也就是切线处处存在且连续变化的曲线. 设 C 是一条封闭的光滑定向曲线, O 是一定点. C 上每一点对应着一条通过 O 点的直线, 它平行于 C 在这点的切线. 如果这点按 C 的定向跑遍 C 一次, 对应的直线总计旋转了一个 $2n\pi$ 角, 也就是说旋转了 n 圈. 我们称整数 n 为 C 的旋转指数 (图 1). 微分几何中的一个著名的定理说: 如果 C 是简单曲线 (也就是说 C 自身无交叉点), 则 $n=\pm 1$.

很明显, 应该有一个定理把 n 角形外角和定理与简单封闭光滑曲线的旋转指数定理统一起来. 要解决这个问题, 就要考虑范围更广的一类简单封闭分段光滑曲线. 计算这种曲线的旋转指数时, 很自然地要规定切线在每个角点处旋转的角度等于该点处的外角 (图 2). 这样, 上面的旋转指数定理对这种曲线也成立. 应用于 n 角形这一特殊情形, 就得到 n 角形外角和等于 2π 这个结论.

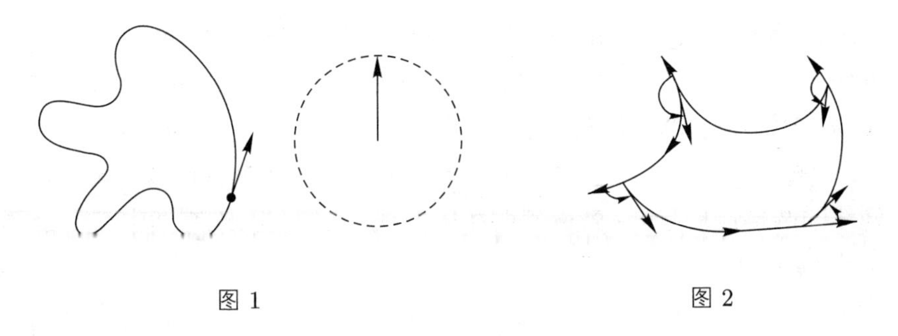

图 1　　　　图 2

这个定理还可进一步推广到自身有交叉点的曲线. 对一个常规的 (generic) 交叉点, 可规定一个正负号. 于是, 如果曲线已适当地定向, 它的旋转指数等于 1 加上交叉点的代数个数 (图 3). 例如 “8” 字形曲线的旋转指数为 0.

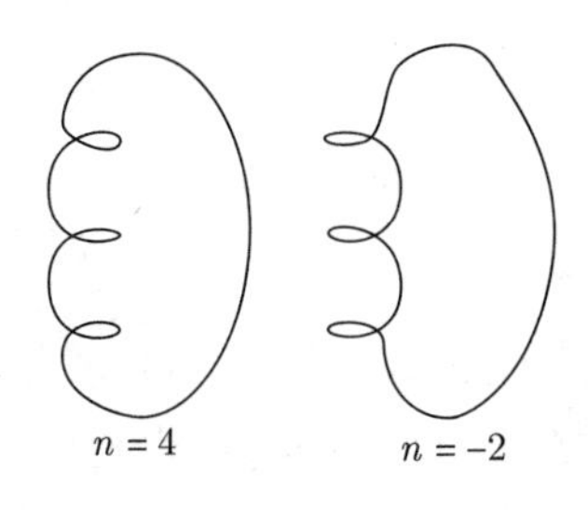

图 3

形变, 也叫作同伦, 是几何学中乃至数学中的一个基本概念. 两条闭光滑曲线称为正则同伦的, 如果其中一条可通过一族闭光滑曲线变形成另一条的话. 因为旋转指数在形变过程中是连续变化的, 而它又是整数, 所以一定保持不变. 这就是说, 正则同伦的曲线具有相同的旋转指数. 格劳斯坦 – 惠特尼 (Graustein-Whitney) 的一个出色的定理说, 上述命题的逆命题也成立 [5], 即具有相同旋转指数的闭光滑曲线一定是正则同伦的.

这里, 在研究平面上的闭光滑曲线时用了数学中的一个典型手法, 就是考察全部这样的曲线, 并把它们加以分类 (在这里就是正则同伦类). 这种手法在实验科学中是行不通的, 因此它是理论科学和实验科学在方法论上一个根本性的差别. 格劳斯坦 – 惠特尼定理说明, 旋转指数是正则同伦类的唯一不变量.

四、三维欧几里得空间

现在, 从平面转向有着更加丰富内容和不同特色的三维欧几里得空间. 空间曲线 (除平面曲线外) 中最美好的也许要算圆螺旋线了. 它的曲率、挠率都是常量, 并且它是唯一能够在自身内进行 ∞^1 刚体运动的曲线. 圆螺旋线可按挠率的正负分成右手螺旋线和左手螺旋线两类, 它们有本质的区别 (图 4).

一条右手螺旋线是不可能与一条左手螺旋线迭合起来的, 除非用镜面反射. 螺旋线在力学中起了重要的作用. DNA (脱氧核糖核酸) 分子的克里克–沃森 (Crick-Watson) 模型是双螺旋线, 这从几何学的观点来看可能不是完全的巧合. 双螺旋线有一些有趣的几何性质. 特别是, 如果用线段或弧段分别把两条螺线的两端连接起来, 就得到两条闭曲线, 它们在三维空间中有一个环绕数 (linking number) L (图 5).

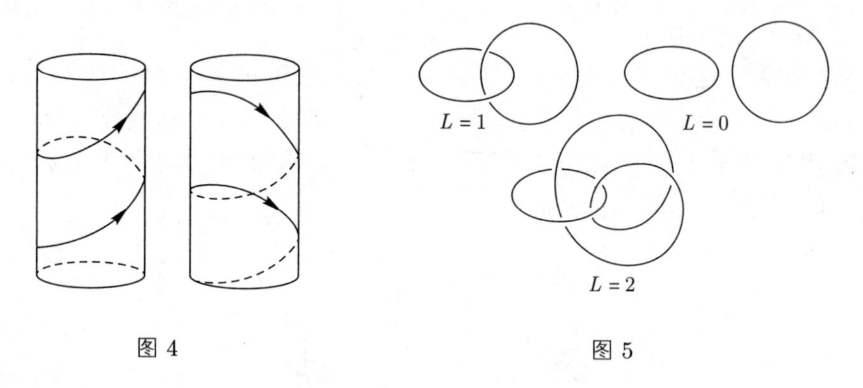

图 4　　　　图 5

最近在生物化学中由数学家 W. 波尔和 G. 罗伯茨提出了一个有争论的问题, 这就是: 染色体的 DNA 分子是不是双螺旋线结构? 如果是这样, 那么它就有两条闭线, 它们的环绕数是 300000 级的. 分子的复制过程是: 分开这两条闭线, 并且把每一条闭线补上它在分子中的补充线 (即相补的线). 由于环绕数这么大, 波尔和罗伯茨表明复制过程在数学上会有严重的困难. 因此 DNA 分子 (至少对于染色体的来说) 的这种双螺旋线构造是受到怀疑的 [6].

环绕数 L 可由 J. H. 怀特公式 [7]

$$T+W=L \tag{1}$$

决定, 这里 T 是全挠率 (total twist), W 是拧数 (writhing number). 拧数 W 可用实验来测定, 并且在酶的作用下会变化. 这个公式是分子生物学中一个重要的基本公式. DNA 分子一般是很长的. 为了把它们放到不大的空间中, 最经济的办法是拧它们, 使它们卷起来. 上面的讨论可能启示着一门新科学——随机几何学——正在产生, 它的主要例子来自生物学.

在三维空间中, 比起曲线来曲面有重要得多的性质. 1827 年高斯的论文《曲面的一般研究》(*Disquisitiones generales circa superficies curvas*) 标志着微分几何的诞生. 它提高了微分几何的地位, 把原来只是微积分的一章提高成一门独立的科学. 主要思想是: 曲面上有内蕴几何, 它仅仅由曲面上弧长的度量决定. 从弧元素出发, 可规定其他几何概念, 如两条曲线的夹角和曲面片的面积等. 于是平面几何得以推广到任何曲面 Σ 上, 这曲面只以弧元素的局部性质为基础. 几何的这种局部化是既有开创性又有革命性的. 在曲面上, 相当于平面几何中的直线的是测地线, 就是两点 (足够靠近的) 间 “最短” 曲线. 更进一步说, 曲面 Σ 上的曲线有 “测地曲率”, 这是平面曲线的曲率的推广. 测地线就是测地曲率处处为 0 的曲线.

设曲面 Σ 是光滑的, 并取了定向. 于是在 Σ 的每一点 p 有一个单位法向量 $v(p)$, 它垂直于 Σ 在 p 点的切平面 (图 6). $v(p)$ 可看作以原点为球心的单位球面 S_0 上的一点. 从 p 到 $v(p)$ 的映射获得高斯映射

$$g\colon \Sigma \to S_0. \tag{2}$$

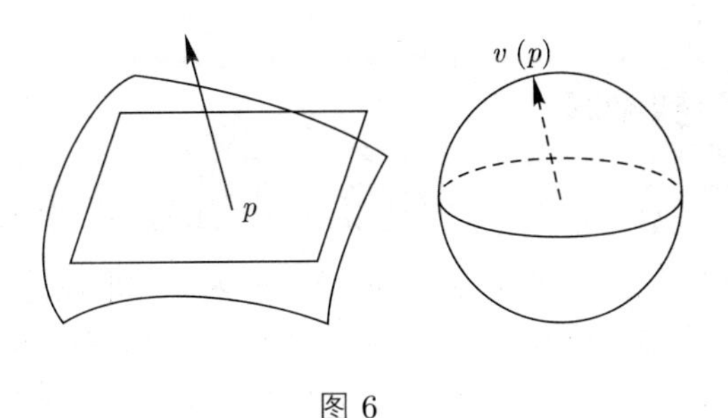

图 6

S_0 的面积元与相应的 Σ 的面积元之比值叫作高斯曲率. 高斯的一个出色定理说: 高斯曲率仅仅依赖于 Σ 的内蕴几何. 而且事实上, 在某种意义下它刻画了这个几何. 显然, 平面的高斯曲率是 0.

像平面几何中那样, 我们在 Σ 上考虑一个由一条或几条分段光滑曲线所围成的区域 D. D 有一个重要的拓扑不变量 $\chi(D)$, 称作 D 的欧拉示性数. 它可以很容易地下定义: 用 “适当” 的方法将 D 分割成许多多角形, 以 v、e 和 f 分别表示顶点、边和面片的数目, 则

$$\chi(D) = v - e + f. \tag{3}$$

(早在欧拉之前就有人知道这个欧拉多面体定理, 但似乎欧拉是第一个认识公式 (3) 中这个 “交错和” 的重要意义的人.)

在曲面论中, 高斯–博内 (Bonnet) 公式是

$$\Sigma\text{外角} + \int_{\partial D} \text{测地曲率} + \iint_{D} \text{高斯曲率} = 2\pi\chi(D), \tag{4}$$

这里 ∂D 是 D 的边缘. 如果 D 是一个平面区域, 高斯曲率就为 0; 如果它还是单连通的, 就有 $\chi(D) = 1$. 在这种情况下, 公式 (4) 就简化成第三节中讨论过的旋转指数定理. 现在我们离开第二节中的三角形的内角和已经走了多么远呀!

我们推广闭平面曲线的几何, 考虑空间中的闭定向曲面. 旋转指数的推广是公式 (2) 中的高斯映射 g 的映射度 d. d 的确切意义是深刻的. 直观地说,

它是映射下的像 $g(\Sigma)$ 覆盖 S_0 的代数“层”数. 在平面上, 旋转指数可以是任何整数, 而 d 则不同, 它是由 Σ 的拓扑所完全决定了的:

$$d = \frac{1}{2}\chi(\Sigma). \tag{5}$$

嵌入的单位球面的 d 是 $+1$, 它与球面的定向无关. S. 斯美尔 [8] 得到了一个使人惊异的结果: 两个相反定向的单位球面是正则同伦的. 说得形象一点: 可以通过正则同伦把单位球面从内向外翻过来. 在曲面的正则同伦过程中, 必须保持曲面在每一点处都有切平面, 但允许自身相交.

五、从坐标空间到流形

17 世纪笛卡儿引进了坐标, 引起了几何学的革命. 用 H. 外尔的话来说: “以坐标的形式把数引进几何学, 是一种暴力行为. ” [9] 按他的意思, 从此图形和数就会 —— 像天使和魔鬼那样 —— 争夺每个几何学家的灵魂. 在平面上, 一点的笛卡儿坐标 (x, y) 是它到两条互相垂直的固定直线 (坐标轴) 的距离 (带正负号). 一条直线是满足线性方程

$$ax + by + c = 0 \tag{6}$$

的点的轨迹. 这样产生的后果是从几何到代数的转化.

解析几何一旦闯进了大门, 别的坐标系也就纷纷登台. 这里面有平面上的极坐标, 空间的球坐标、柱坐标, 以及平面和空间的椭圆坐标. 后者适用于共焦的二次曲面的研究, 特别是椭球的研究. 地球就是一个椭球.

还需要有更高维数的坐标空间. 虽然我们原来只习惯于三维空间, 但相对论要求把时间作为第四维. 描写质点的运动状态 (位置和速度) 需要六个坐标 (速矢端线), 这是一个比较初等的例子. 全体一元连续函数组成一个无穷维空间, 其中平方可积的函数构成一个希尔伯特空间, 它有可数个坐标. 在这里我们考察具有规定性质的函数的全体, 这种处理问题的手法在数学中是基本的.

由于坐标系的大量出现, 自然地需要有一个关于坐标的理论. 一般的坐标只需要能够把坐标与点等同起来, 即坐标与点之间存在一一对应, 至于它是怎么来的, 有什么意义, 这些都不是本质的.

如果你觉得接受一般的坐标概念有困难, 那么你有一个好的伙伴. 爱因斯坦从发表狭义相对论 (1908 年) 到发表广义相对论 (1915 年) 花了七年时间. 他对延迟这么久的解释是: “为什么建立广义相对论又用了七年时间呢? 主要原因是: 要摆脱 ‘坐标必须有直接的度量意义’ 这个旧概念是不容易的. ” [10]

在几何学研究中有了坐标这个工具之后, 我们现在希望摆脱它的束缚. 这引出了流形这一重要概念. 一个流形在局部上可用坐标刻画, 但这个坐标系是

可以任意变换的. 换句话说, 流形是一个具有可变的或相对的坐标 (相对性原则) 的空间. 或许我可以用人类穿着衣服来做个比喻. “人开始穿着衣服” 是一件极端重要的历史事件. “人会改换衣服” 的能力也有着同样重要的意义. 如果把几何看作人体, 坐标看作衣服, 那么可以像下面这样描写几何进化史:

综合几何	裸体人
坐标几何	原始人
流形	现代人

流形这个概念即使对于数学家来说也是不简单的. 例如 J. 阿达马这样一位大数学家, 在讲到以流形这概念为基础的李群理论时就说: “要想对李群理论保持着不只是初等的、肤浅的, 而是更多一些的理解, 感到有着不可克服的困难. ” [11]

六、流形, 局部工具

在流形的研究中, 由于坐标几乎已失去意义, 就需要一些新的工具. 主要的工具是不变量. 不变量分两类: 局部的和整体的. 前者是局部坐标变换之下的不变量; 后者是流形的整体不变量, 如拓扑不变量. 外微分运算和里奇 (Ricci) 张量分析是两个最重要的局部工具.

外微分形式是多重积分的被积式. 例如在 (x, y, z) 空间上的积分

$$\iint_D Pdydz + Qdzdx + Rdxdy \tag{7}$$

的被积式 $Pdydz + Qdzdx + Rdxdy$, 这里 D 是一个二维区域, P, Q, R 是 x, y, z 的函数. 人们发觉如果上面的微分的乘法是反称的, 也就是

$$dy \wedge dz = -dz \wedge dy, \cdots, \tag{8}$$

这里记号 $\wedge$ 表示外乘, 那么 D (设已有了定向) 中变量的变换就会自动地被照顾到了. 更有启发性的办法是引进二次的外微分形式

$$w = Pdy \wedge dz + Qdz \wedge dx + Rdx \wedge dy, \tag{9}$$

并且把积分式 (7) 写为积分区域 D 和被积式 w 所组成的 (D, w) 这一对.

因为, 假如在 n 维空间中也如此照办, 斯托克斯定理就可写为

$$(D, dw) = (\partial D, w), \tag{10}$$

这里 D 是 r 维区域, ∂D 是 D 的边界; w 是 $r-1$ 次外微分形式, dw 是 w 的外微分, 它是 r 次形式. 公式 (10) 是多元微积分的基本公式, 它说明 ∂ 和 d

是伴随算子. 值得注意的是, 边界算子 ∂ 在区域上是整体性的, 而外微分算子 d 作用在微分形式上是局部的. 这个事实使得 d 成为一个强有力的工具. d 作用在函数 (0 次形式) 和 1 次形式上, 分别得到梯度和旋量. 一个微分流形的全部次数小于或等于流形的维数的光滑形式组成一个环, 它具有这个外微分算子 d. E. 嘉当在应用外微分运算到微分几何的局部问题和偏微分方程方面最有成效. G. 德勒姆 (de Rham) 在庞加莱的开创工作的基础上, 建立了整体理论. 这些工作我们将在下一节里讨论.

尽管外微分运算很重要, 可是它对于描绘流形上的几何和分析特性却是不够用的. 一个更广的概念是里奇张量分析. 张量基于这样的事实: 一个光滑流形在每一点都可用一个线性空间——切空间——来逼近. 一点处的切空间引导到相伴的张量空间. 张量场需要有一个附加结构——仿射联络——后才能微分. 如果流形具有黎曼结构或洛伦兹结构, 那么相应的列维–奇维塔联络就适用了.

七、同调

在历史上, 流形的整体不变量的系统研究是从组合拓扑学开始的. 它的想法是把流形剖分成一些胞腔, 研究它们是如何装拼在一起的. (剖分要满足一些要求, 我们不细说了.) 特别当 M 是一个 n 维闭流形时, 设 α_k 是 k 维胞腔的个数, $k=0,1,\cdots,n$. 那么作为公式 (3) 的推广, M 的欧拉–庞加莱示性数的定义为

$$\chi(M)=\alpha_0-\alpha_1+\cdots+(-1)^n\alpha_n. \tag{11}$$

边缘是同调论中的基本概念. 胞腔的整系数线性组合称为一个链. 如果一个链没有边缘 (边缘为 0), 则称作闭链. 链的边缘是闭链 (图 7). 在模 k 边缘链的意义下, 线性无关的 k 维闭链的个数称为 M 的 k 维贝蒂数, 记作 b_k, 它是一个有限整数. 欧拉–庞加莱公式说

$$\chi(M)=b_0-b_1+\cdots+(-1)^nb_n. \tag{12}$$

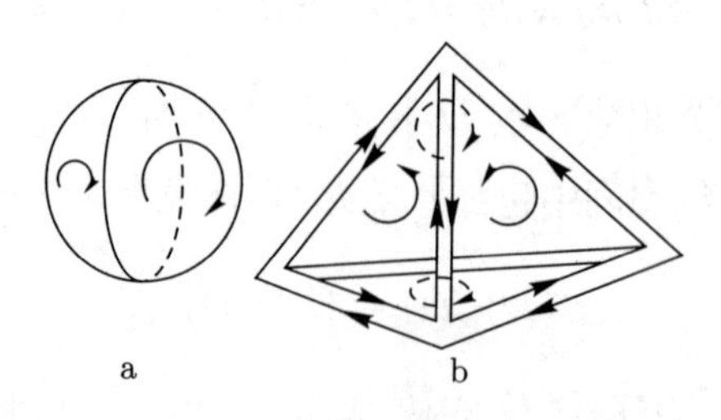

图 7

b_k 是 M 的拓扑不变量, 因此 $\chi(M)$ 也是. 也就是说, b_k、$\chi(M)$ 都是与剖分的方式无关的, 并且在 M 的拓扑变换下保持不变. 这些, 以及更一般的叙述, 可以看作组合拓扑学的基本定理. 庞加莱和 L. E. J. 布劳威尔 (Brouwer) 为组合拓扑学的发展开辟了道路. 以维布伦、亚历山大和莱夫谢茨 (Lefschetz) 等为首的美国数学家的工作使得它于 20 世纪 20 年代在美国开花结果.

剖分的方法虽然是导出拓扑不变量的一个有效途径, 但它也有 "杀死" 流形的危险. 明确地说, 组合的方法可能使我们看不出拓扑不变量和局部几何性质的关系. 实际存在着与同调论相对偶的上同调论. 同调论依赖于边缘算子 ∂; 而上同调论立足于外微分算子 d, 它是一个局部算子.

从 d 发展成为德勒姆上同调论可概括如下: 算子 d 有一个基本性质, 重复运用它时得到 0 次形式. 也就是说, 对任何 k 次形式 α, $k+1$ 次形式 $d\alpha$ 的外微分是 0. 这相当于 "任何链 (或区域) 的边缘没有边缘" 这样一个几何事实 (参阅公式 (10)). 当 $d\alpha = 0$ 时, 就称 α 是闭的. 当存在一个 $k-1$ 次形式 β 使得 $\alpha = d\beta$ 时, 就说 α 是一个导出形式. 导出形式总是闭的. 两个闭形式如果相差一个导出形式, 则说它们是上同调的. 互相上同调的闭 k 次形式的全体组成 k 维的上同调类. 不平常的是, 虽然 k 次形式、闭 k 次形式以及导出 k 次形式的数量都是极大的, 但 k 维上同调类却组成一个有限维的线性空间, 而维数就是第 k 个贝蒂数 b_k.

德勒姆上同调论是层的上同调 (sheaf cohomology) 的先驱. 后者由 J. 莱雷 (Leray) [12] 创始, H. 嘉当和 J.-P. 塞尔 (Serre) 使之完善, 并卓有成效地加以应用.

八、向量场及其推广

我们自然地要研究流形 M 上的连续向量场. 这样的一个向量场由 M 的每一点处的一个切向量组成, 并且向量随着点连续变动. 如果 M 的欧拉–庞加莱示性数 $\chi(M) \neq 0$, 则 M 上任一连续向量场中至少有一个零向量. 举个具体的例子, 地球是个二维球面, 示性数是 2, 因此当地球上刮风时, 至少有一处没有风. 上述结果有一个更加明确的定理. 对于连续向量场的每一个孤立零点可规定一个整数, 叫作指数, 它在某种程度上刻画向量场在这个零点附近的状态, 表明它是源点, 还是汇点或是其他情形. 庞加莱–霍普夫 (Hopf) 定理指出, 当连续向量场只有有限多个零点时, 它的全部零点的指数和就是拓扑不变量 $\chi(M)$.

以上所述是有关 M 的切丛的. 切丛就是 M 的全体切空间的集合. 更一般地, 如果一族向量空间以 M 为参数, 并且满足局部乘积条件, 就称为 M 上的一个向量丛.

一个基本问题是: 这样的丛在整体上是不是一个乘积空间? 上面的讨论说明了, 当 $\chi(M) \neq 0$ 时, 切丛不是乘积空间, 因为如果是乘积空间, 就会存在一个处处不为 0 的连续向量场. 空间之中存在局部是乘积而整体不是乘积这种空间 (例如当 $\chi(M) \neq 0$ 时的 M 的切丛) 绝不是容易想象的, 几何学从而进入更深刻的阶段.

刻画一个向量丛与乘积空间的整体偏差的第一组不变量是所谓上同调示性类. 欧拉–庞加莱示性数是最简单的示性类.

高斯–博内公式 (4) (见第四节) 在 Σ 没有边界时形式特别简单:

$$\iint K dA = 2\pi\chi(M). \tag{4'}$$

这里 K 是高斯曲率, dA 是面积元. 公式 (4′) 是最重要的公式, 因为它把整体不变量 $\chi(\Sigma)$ 表示成局部不变量的积分. 这也许是局部性质与整体性质之间的最令人满意的关系了. 这个结果有一个推广. 设

$$\pi\colon E \to M \tag{13}$$

是一个向量丛. 切向量场的推广是丛的截面, 也就是一个光滑映射 $s\colon M \to E$, 使得 $\pi \circ s$ 是恒同映射. 因为 E 只是一个局部乘积空间, 对 s 微分就需要有一个附加结构, 通常叫作一个联络. 所导出的微分称为协变微分, 一般不是交换的. 曲率就是协变微分非交换性的一种度量. 曲率的适当组合导致微分形式, 在德勒姆理论的意义下, 它代表上同调示性类, 而高斯–博内公式 (4′) 是它的最简单的例子 [13]. 我相信, 向量丛、联络和曲率等概念是如此基本而又如此简单, 以致任何多元分析的入门教科书都应包括这些概念.

九、椭圆型微分方程

当 n 维流形 M 有黎曼度量时, 则有一个算子 $*$, 它把一个 k 次形式 α 变成一个 $n-k$ 次形式 $*\alpha$. 这相当于对切空间的线性子空间取正交补. 由算子 $*$ 和微分 d, 我们引进余微分 (codifferential)

$$\delta = (-1)^{nk+n+1} * d* \tag{14}$$

和拉普拉斯算子

$$\Delta = d\delta + \delta d. \tag{15}$$

算子 δ 把一个 k 次形式变成一个 $k-1$ 次形式, Δ 把一个 k 次形式变成一个 k 次形式. 如果一个形式 α 满足

$$\Delta\alpha = 0, \tag{16}$$

它就称为调和的. 零次调和形式就是通常的调和函数.

公式 (16) 是一个二阶的椭圆型偏微分方程. 如果 M 是闭的, 公式 (16) 的全部解构成一个有限维向量空间. 根据霍奇 (Hodge) 的一个经典定理, 解空间的维数恰好是第 k 个贝蒂数 b_k. 再从公式 (12) 推出, 欧拉示性数可写成

$$\chi(M) = d_e - d_o, \tag{17}$$

这里 d_e 和 d_o 分别是偶次和奇次调和形式的空间的维数. 外微分 d 本身是一个椭圆算子, 公式 (17) 可以看作用椭圆算子的指数来表示 $\chi(M)$. 对于任何线性椭圆算子来说, 它的指数等于解空间的维数减去伴随算子的解空间的维数.

在用局部不变量的积分表示椭圆算子的指数这一方面, 阿蒂亚–辛格 (Atiyah-Singer) 指数定理达到了顶峰. 许多著名的定理, 例如霍奇指标定理、希策布鲁赫 (Hirzebruch) 指标定理和关于复流形的黎曼–罗奇 (Roch) 定理, 都是它的特殊情形. 这项研究的一个主要副产物是确认了考虑流形上伪微分算子的必要性, 它是一个比微分算子更一般的算子.

椭圆型微分方程和方程组是与几何十分紧密地纠缠着的. 一个或多个复变元的柯西–黎曼微分方程是复几何的基础. 极小流形是求极小化面积的变分法问题中欧拉–拉格朗日方程的解. 这些方程是拟线性的. "最" 非线性的方程也许是蒙日–安培方程, 它在好几个几何问题中都是重要的. 近年来在这些领域里取得了很大的进展 [14]. 由于分析这样深地侵入几何, 前面提到过的分析学家 G. 伯克霍夫的评论看来更令人不安了. 然而, 分析学是绘制矿藏的全貌, 而几何学是寻找美丽的矿石. 几何学建筑在这样的原则上: 并非所有的结构都是相等的, 并非所有的方程都是相等的.

十、欧拉示性数是整体不变量的一个源泉

概括起来, 欧拉示性数是大量几何课题的源泉和出发点. 我想用下面的图 8 来表示这种关系.

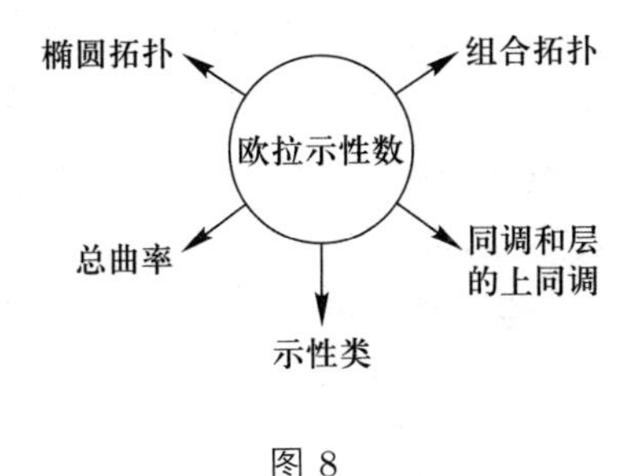

图 8

十一、规范场论

20 世纪初, 由于爱因斯坦的相对论, 微分几何一度变成人们注视的中心. 爱因斯坦试图把物理现象解释为几何现象, 并构造一个适合于物理世界的几何空间. 这是一个十分艰巨的任务, 也不清楚爱因斯坦关于引力场和电磁场的统一场论的学说是否已成为定论. 前面提到过的向量丛的引进, 特别是向量丛中的联络和它们的示性类, 以及它们与曲率的关系, 开阔了几何的视野. 线丛 (纤维是一条复直线) 的情况提供了外尔的电磁场规范理论的数学基础. 以对同位旋 (isotopic spin) 的理解为基础的杨–米尔斯 (Mills) 理论是非交换的规范理论的第一个例子. 杨–米尔斯理论的几何基础是带有酉联络的复平面丛. 统一所有的场论 (包括强、弱相互作用) 的尝试近来已集中到一个规范理论上, 也就是一个以丛和联络为基础的几何模型. 看到几何和物理再次携起手来, 是十分令人满意的.

丛、联络、上同调和示性类都是艰深的概念, 在几何学中它们都经过长期的探索和实验才定形下来. 物理学家杨振宁说 [15]: "非交换的规范场与纤维丛这个美妙理论——数学家们发展它时并没有参考物理世界——在概念上的一致, 对我来说是一大奇迹. " 1975 年他对我讲: "这既是使人震惊的, 又是使人迷惑不解的, 因为你们数学家是没有依据地虚构出这些概念来的. " 这种迷惑是双方都有的. 事实上, E. 威格纳说起数学在物理中的作用时, 曾谈到数学的超乎常理的有效性 [16]. 如果一定要找一个理由的话, 那么也许可用 "科学的整体性" 这个含糊的词儿来表达. 基本的概念总是很少的.

十二、结束语

现代微分几何是一门年轻的学科. 即使不考虑相对论和拓扑学给它的很大促进, 它的发展也一直是连续不断的. 我为我们说不清它是什么而高兴. 我希望它不要像其他一些数学分支那样被公理化. 保持着它跟数学中别的分支以及其他科学的许多领域的联系, 保持着它把局部和整体相结合的精神, 它在今后长时期中仍将是一片肥沃的疆域.

用函数的自变量的数目或数学所处理的空间的维数来刻画数学的各个时期, 可能是很有意思的事. 在这个意义上, 19 世纪的数学是一维的, 而 20 世纪的数学是 n 维的. 由于多维, 代数获得了十分重要的地位. 所有已知流形上的整体结果绝大多数是同偶维相关的. 特别地, 所有复代数流形都是偶维实流形. 奇维流形至今还是神秘的. 我大胆地希望, 它们在 21 世纪将受到更多的注意, 并可在本质上被搞清楚. 近来, W. 瑟斯顿 [17] 关于三维双曲流形的工作以及丘成桐、W. 米克斯 (Meeks) 和 R. 舍恩 (Schoen) 关于三维流形的闭最小曲面的工作都已经大大地弄清楚了三维流形及其几何. 几何学中的问题之首可能仍然是所谓庞加莱猜测: 一个单连通三维闭流形同胚于三维球面. 拓扑和代数的方法至今都还没有导致这个问题的解决. 可以相信, 几何和分析中的工具将被发现是很有用处的.

参考文献

[1] Veblen O., Whitehead J.H.C., *Foundations of Differential Geometry*, Cambridge (1932) 17.

[2] Cartan E., *Le rôle de la théorie des groupes de Lie dans l'évolution de la géométrie moderne*, Congrès Inter. Math., Oslo (1936) 96.

[3] Birkhoff G.D., *Fifty Years of American Mathematics*, Semi-centennial Addresses of Amer. Math. Soc., 88 (1938) 307.

[4] Weil A., *S. S. Chern as Friend and Geometer, Chern, Selected Papers*, Springer (1978).

[5] Whitney H., *Comp. Math.*, 4 (1937) 276. (译者注: Max N.L. 主持制成格劳斯坦–惠特尼定理的科教影片 *Regular Homotopy in the Plane*, 参看 *Amer. Math. Monthly*, 85 (1978) 212.)

[6] Pohl W.F., Roberts G.W., *J. Math. Biol.*, 6 (1978) 383.

[7] White J.H., *American J. of Math.*, 91 (1969) 693; Fuller B., *Proc. Nat. Acad. Sc.*, 68 (1971) 815; Crick F., *Proc. Nat. Acad. Sc.*, 73 (1976) 2639.

[8] Smale S., *Transactions AMS*, 90 (1959) 281; 并参看 Phillips A., *Scientific American*, 214 (1966) 112; Max N. L. 主持制成此事实的科教影片, 由 International Film Bureau 发行.

[9] Weyl H., *Philosophy of Mathematics and Natural Science*, Princeton (1949) 90.

[10] Einstein A., *Library of Living Philosophers*, 1 (1998) 67. 中译文见《爱因斯坦文集》第一卷 (1977) 30.

[11] Hadamard J., *Psychology of Invention in the Mathematical Field*, Princeton (1945) 115.

[12] Godement R., *Topologic algébrique et théorie des faisceaux*, Hermann (1958).

[13] Chern S., *Geometry of Characteristic Classes*, Proc. 13th Biennial Sem. Canadian Math. Congress, (1972) 1.

[14] Yau S. T., *The Rôle of Partial Differential Equations in Differential Geometry*, Int. Congress of Math., Helsinki (1978).

[15] Yang C. N., *Magnetic Monopoles, Gauge Fields, and Fiber Bundles*, Marshak Symposium (1977). 中译文见《自然杂志》, 2 (1979) 10.

[16] Wigner E., *Communications on Pure and Applied Math.*, 13 (1960) 1.

[17] Thurston W., *Geometry and Topology in Dimension Three*, Int. Congress of Math., Helsinki (1978).

编者按: 本文原载《自然杂志》1979 年第 2 卷第 8 期, 473–480 页.

数学史: 为什么, 怎么看

André Weil

译者: 席南华

校者: 陆柱家

André Weil, 1906—1998, 法国人, 20 世纪最伟大的数学家之一. 他是法国 Bourbaki 学派的早期成员. 1941 年他移居美国后于 1958 年成为普林斯顿高等研究院教授, 1976 年退休. 他的主要贡献在连续群和抽象代数几何学方面, 他于 1979 年获得 Wolf 数学奖, 并且是巴黎科学院院士和美国国家科学院外籍院士.

我的第一点将是显而易见的. 某些学科的整个历史就由我们当代的几个人的回忆录组成, 相比之下, 数学不仅有历史, 而且有很长的历史, 至少大约始于 Eudemos[1] (Aristotle 的学生), 数学史就被写成文字. 于是, "为什么" 这个问题可能是多余的, 或者表述成 "为谁" 更合适.

一般的历史书为谁而写? 为受过教育的普通人, 如 Herodotus[2]所为? 为政治家和哲学家, 如 Thucydides[3]所做? 为自己的史学家同行, 如现在大多数的情况? 艺术史家的合适读者是什么人? 他的同事, 或大众艺术爱好者, 或

---

[1]古希腊哲学家, 公元前 370—前 300. 他是 Aristotle 的最重要的学生之一, 曾与 Theophrastus 一起竞选 Aristotle 学派的领袖, 但遭失败. 于是, 他自己创建了一个独立的学派——罗德 (Rhodes) 岛学派. 他继承了 Aristotle 的逻辑思想, 写了逻辑分析法和范畴方面的著作, 以及《论推理》, 可惜均已散失. Eudemos 在哲学方面的另一项成就是他与别人把 Aristotle 的所有著作收集起来, 编成了一本 Aristotle 全集. 这对于 Aristotle 思想的传播起了很大作用. Eudemos 是历史上有资料可查的第一位科学史家. ——校注

[2]古希腊作家和地理学家, 被认为是史上第一位历史学家, 约公元前 484—前 425. Herodotus 没有在一个地方定居, 而是在自己的一生中从一个波斯领土转移到了另一个领土, 并记录下所到之处之风情. Herodotus 以撰写记述希腊–波斯战争 (公元前 499—前 449 年) 的起源和过程的《希腊历史》而著称. 从其著作中, 我们得到 "历史" 一词的现代含义. ——校注

[3]雅典的历史学家和将军, 约公元前 460—前 400. 他的《伯罗奔尼撒 (Peloponnese) 战争史》记载了公元前 5 世纪的斯巴达–雅典战争. 在其著作中他采用严格公正性和证据收集以及因果关系分析, 而没有提及神灵的干预, 因而被其拥护者称为 "科学史之父"; 他还被称为 "现实政治流派之父". ——校注

艺术家 (艺术史家似乎对他们没什么用处)? 音乐史怎么样呢? 它主要关注音乐爱好者, 或作曲家, 或表演艺术家, 或文化史家, 或是完全自立的学科, 仅限于从业者鉴赏? 类似的问题已在显赫的数学史家如 Moritz Cantor, Gustaf Eneström, Paul Tannery[4] 中热烈地争执多年. 像对大多数其他话题一样, Leibniz 早已有话要说:

"历史学的用处不只是可以给每一个人应得的公道以及其他人可以期盼类似的称赞, 也通过辉煌的事例促进发现的艺术, 昭示其发现的方法." [5]

人应该被永久的声望这一前景驱励至更高的成就当然是一个从古代传承下来的经典主题, 比起先祖我们似乎变得对此不太易受影响, 尽管它或许就没那么发挥威力. 至于 Leibniz 的说法的后面一部分, 其意义是清楚的. 他想要科学史家首先要为有创造力或将有创造力的科学家而写. 他在写作回顾其 "最高贵的发明" 微积分时在脑海中就是以那些人为读者.

另一方面, 如 Moritz Cantor 注意到的那样, 在处理数学史时, 可以把它看作一个辅助性的学科, 意指为真正的历史学家提供根据时间、国家、主题和作者等整理的数学事件的可靠编目. 于是, 数学史是技术和手工艺史的一部分, 且是不太显要的部分, 从而整个地从外部看待它是合理的. 研究 19 世纪的一个史学家需要知道一些关于铁路机车带来的进步的知识, 为此他必须依靠专家, 但他不关心机车如何工作, 也不关心投入到创立热力学的艰苦巨大的才智努力. 类似地, 航海表和其他航海辅助技术的发展对研究 17 世纪英格兰史的专家并非无足轻重, 但 Newton 在其中的作用至多给他提供一个脚注; Newton

---

[4] Moritz Cantor, 德国数学史家, 1829—1920. 他最重要的作品是四卷本的《数学史讲座》(*Vorlesungen über Geschichte der Mathematik*), 出版时间跨度 28 年, 从 1880 年到 1908 年, 讲述了 1200—1799 年的数学史, 被称赞建立了新学科. 1900 年他在巴黎国际数学家大会上做了一小时大会报告. Gustaf Eneström, 瑞典数学家, 统计学家和数学史家, 1852—1923. 他以引进 Eneström 指数而闻名, 该指数用于识别 Euler 的著作, 大多数历史学者通过 Eneström 指数来应用 Euler 的著作; 1884—1914 年, 他部分出资创立了数学史杂志《数学图书馆》(*Bibliotheca Mathematica*) 并为其出版商; 在数学史学科, 他是 Moritz Cantor 观点的批判者; 他与 Soichi Kakeya 的 Eneström-Kakeya 定理确定了包含实多项式诸根的圆环. Paul Tannery, 法国数学家和数学史家, 1843—1904. 虽然 Paul Tannery 的职业是从事烟草业, 但他将一生用于研究数学家和数学发展. 1883 年他开始编辑 Diophantus 的手稿, 1885 年他与他人一起开始编辑 Fermat 的作品. 之后出版了他的 Diophantus 和 Fermat 的版本. 他还编辑了 Descartes 的工作和书信. 他还是 1904 年海德堡国际数学家大会的受邀报告人.——校注

[5] "Utilissimum est cognosci veras inventionum memorabilium origines, praesertim earum, quae non casu, sed vi meditandi innotuere. Id enim non eo tantum prodest, ut Historia literaria suum cuique tribuat et alii ad pares laudes invitentur, sed etiam ut augeatur ars inveniendi, cognita methodo illustribus exemplis. Inter nobiliora hujus temporis inventa habetur novum Analyseos Mathematicae genus, Calculi differentialis nomine notum..." (Math. Schr., ed. C. I. Gerhardt, t. V, p. 392).——原注

作为铸币厂的监管人[6], 或也许作为一个显赫贵族的情妇的叔叔, 比起 Newton 作为数学家, 更接近他的兴趣点.

换个角度看, 数学偶尔可以作为某种"示踪物"提供给文化史家以研究各种文化的互相影响. 随着这个角度, 我们来到更接近我们数学家真正兴趣所在的事情; 不过, 即使在这儿, 我们的看法和专业的历史学家也有很大的差别. 对他们而言, 一枚在印度某地发现的罗马钱币有显著的意义, 但一个数学理论几乎不会这样.

这并不是说, 一个定理, 甚至在相当不同的文化环境, 不会屡次被重新发现. 某些幂级数展开似乎独立地在印度、日本、欧洲被发现. Pell 方程[7]的求解方法在 12 世纪的印度被 Bhāskara[8]阐述, 然后, 在 1657 年, 因接受 Fermat[9]的挑战, 再度被 Wallis[10]和 Brouncker[11]阐述. 人们甚至能为这样一种看法提出论据, 类似的方法可能希腊人, 也许 Archimedes 自己, 已经知道; 例如 Tannery 提议, 印度人的解法可能具有希腊身世; 迄今, 这必定仍然是一个没用的推测. 当然没人会提出在 Bhāskara 和我们 17 世纪的作者之间有联系.

另一方面, 楔形文字记载的二次方程代数求解方法, 披着几何的外袍, 却压根儿没有任何几何动机, 在 Euclid 那里再次现身, 数学家会发现把后一种论述称作"几何代数"是合适的, 并倾向于假设它与巴比伦有联系, 即使缺乏任何具体的"历史"证据. 没人索要文献以证实希腊文、俄文和梵文的共同起源, 或提出理由反对将它们定为印–欧语言.

现在是时候, 离开那些普通人及其他学科专家的观点和意愿, 回到 Leibniz [的观点], 本质地, 也从我们数学家自利的角度考虑数学史的价值. 仅仅略微偏

---

[6]Newton 在其 53 岁时任铸币厂监督, 3 年后任厂长.——校注

[7]Pell 方程, 实由 Fermat 提出; 后 Euler 误以为由 Pell 提出, 并写入其著作中, 故后人皆称其为 Pell 方程.——校注

[8]原文误为 Bhaskara. 印度数学家和天文学家, 1114—1185. 也被称为 Bhāskarācārya (Bhāskara 老师), 为了避免与 Bhāskara I (600—约 680) 混淆, 亦称为 Bhāskara II. 其主要著作处理行星的算术、代数、数学, 以及球面. 他的微积分研究比 Newton 和 Leibniz 早了半个世纪, 有证据表明, 他是微分学某些原理的先驱, 也许也是第一个想到微分系数和微积分的人. 1981 年 11 月 20 日, 印度空间研究组织 (ISRO) 发射了一颗 Bhāskara II 卫星以纪念他.——校注

[9]全名 Pierre de Fermat, 法国数学家, 1601—1665. 他和 Descartes 各自独立地发现了解析几何; 并和 Pascal 一起奠定了概率论的基础; 他也曾得到过微积分的某些特性, 这些特性后来启发了 Newton 发明了微积分; 他也是近代数论的奠基者, 以 Fermat 猜想知名.——校注

[10]全名 John Wallis, 英国数学家, 1616—1703. 他最先使用负指数和分数指数, 并引进记号 ∞ 和术语"连分数", 也是最早写学术性数学史的作者之一. 微积分之争中他站在 Newton 一方.——校注

[11]全名 William Brouncker, 英国数学家, 1620—1684. 他是英国皇家学会创始人之一, 任首任会长 (1662—1677). 他是欧洲解决 Pell 方程的第一人; 他利用无穷级数逼近自然对数计算了抛物线和摆线的长度; 他用广义连分数漂亮地给出 $\pi/4$ 和 $4/\pi$ 的表达式, 现称为 Brouncker 公式.——校注

离 Leibniz, 可以说它对我们的首要用处是把一流数学工作的 “辉煌的例子” 放置或保持在我们眼前.

但这使得史学家必需吗? 或许不. Eisenstein[12]很小的时候通过阅读 Euler 和 Lagrange [的著作] 爱上数学, 没有史学家告诉他这么做或指导他阅读. 不过比起现在, 在他那个时期数学以不那么忙碌的步伐前进. 诚然, 一个年轻人现在可以在其同代人的工作中寻找榜样和激励, 不过很快就会发现这有严重的局限. 另一方面, 如果想回溯更遥远的过去, 他可能发现自己需要一些指点, 是史学家的职责, 或至少是对历史有感知的数学家的职责, 给予指点.

史学家还能在另一方面起作用. 在想要学习当代工作时, 凭经验我们都知道从个人的相识获益多少; 那些大大小小的会议几乎没有任何其他的目的. 过去的伟大数学家的生活可能多是沉闷而不那么激动人心的, 或可能在普通人看来似乎如此; 对我们而言, 他们的传记在生动再现这些大家和他们的环境以及他们的论著这方面的价值不小. 关于 Archimedes, 除了已推断的他在叙拉古 (Syracuse) 保卫战[13]中所起的作用外, 哪位数学家不想知道更多呢? 如果我们手头仅有 Euler 的论著, 对 Euler 的数论 [工作] 的认识会是完全同样的吗? Euler 在俄国定居, 和 Goldbach 以信件来往, 偶然了解到 Fermat 的工作, 在很久后的晚年开始与 Lagrange 通信谈数论和椭圆积分, 我们读这样的故事不是更有趣吗? 通过他的信件, 这样的伟人就成了与我们近在咫尺的相识者, 我们不应为此而愉快吗?

然而, 到目前为止, 我仅仅触及了主题的表面. Leibniz 劝告研读 “辉煌的例子”, 不只是为了美的愉悦享受, 而主要是为了 “促进发现的艺术”. 在这一点上, 就科学的事情而言, 需要清楚区分战术与战略.

所谓战术, 我理解为, 科学家或学者在特定的时段里对手头可用工具的日常运用, 这最好从称职的教师那里和研读当代工作中学会. 对数学家, 可能包

---

[12]全名 Ferdinand Gotthold Max Eisenstein, 普鲁士数学家, 1823—1852. 1840 年 17 岁的他就去了柏林大学跟随 Dirichlet 学习数学, 1843 年秋他正式进入柏林大学读书. 1844 年 1 月他就完成了讨论两个变量立方形式的论文, 在大学第一年里他完成了 23 篇论文, 提出了两个问题, 包括椭圆函数和二次互反性, 也提出了三次和四次互反性. 1847 年他就通过了教师资格 (habilitation). Riemann 是其讲授椭圆函数的学生. 1851 年他入选哥廷根科学院和柏林科学院. 他 1844 年的论文早于 Arthur Cayley, 第一个提出矩阵的概念. Gauss 曾说: “只有三位具有划时代意义的数学家: Archimedes, Newton, Eisenstein.” ——校注

[13]公元前 215 年, 罗马军队以舰队攻打 Archimedes 的出生地港口叙拉古. 据传说, Archimedes 率领民众利用杠杆原理制造了可分远近距离的投石器, 利用它射出各种飞弹和大小石块; 利用凹面镜聚焦阳光焚烧了罗马战船; Archimedes 又利用杠杆原理设计了大型反舰起重设备, 用巨大的抓钩把战船抓起再将其倾覆于海中. 这样, 叙拉古保卫战持续了 3 年, 终于在公元前 212 年被罗马人攻破了城墙. 破城时 (临终前), Archimedes 正专心致力于数学问题的研究, 他傲慢地对罗马士兵说: “别把我的圆弄坏了! ” ——校注

括一会儿用微分学, 一会儿用同调代数. 对数学史家, 战术上和通史学家[14]有很多的共同之处. 他必须寻找源头上, 或尽实际可能接近源头的资料证据; 第二手的信息价值甚小. 在有些研究领域, 人们必须学会猎取和阅读原稿; 在其他的领域人们可能满足于发表的书面材料, 然而它们的可靠与否这一问题就必须总要放在心上. 一个不可缺少的要求是对原始资料的语言具有足够的学识. 所有历史研究的一个基本和明智的原则是: 在原件可获得的情形下, 翻译永远不能替代原件. 幸好, 除了拉丁和现代西欧语言外, 15 世纪后的西方数学史极少需要其他语言知识; 对很多的目的, 法语、德语, 有时英语甚至可能就足够了.

与战术截然不同, 战略意指识别主要问题的艺术, 从问题的切入点处攻关, 建立未来的推进路线. 数学战略关注长期目标, 需要对大趋势和想法认识的长期演变有深刻的理解. 这几乎无法区分于 Gustaf Eneström 时常描述的数学史的主要目标, 就是, "数学思想, 从历史的角度考虑",[15]或如 Paul Tannery 说的那样, "思想的源流和一系列相关的发现". [16]那里有我们正在讨论的学科的精髓, 一个幸运的事实是, 根据 Eneström 和 Tannery, 数学史家首先要注意的方面也是一个对那些要超越日常工作的数学家有最大价值的方面.

诚然, 我们得出的结论没什么实质的内容, 除非我们在什么是和什么不是数学思想上达成一致. 关于这一点, 数学家几乎无意请教外人. 用 Housman[17](在被要求定义诗时) 的话说, 他 [数学家] 可能无法定义什么是数学思想, 但当嗅探某个他知道的思想时, 他觉得会清楚 [它是否为数学思想]. 他不大可能看到一个 [数学思想], 比如, 在 Aristotle 关于无限的推测中, 也不会在中世纪的许多思想家关于同一主题的推测中, 即使其中有些在数学上比 Aristotle 的有趣得多; 无限成为数学思想是在 Cantor 定义了等势集并证明了一些定理后. 希腊哲学家关于无限的观点本身可能是很有意思的, 但我们真的相信它们对希腊数学家的工作有很大的影响吗? 我们被告知, 由于它们, Euclid 不得不避免说存在无限多个素数, 必须以不同的方式表达这个事实. 那又怎么会, 几页之后, 他说道 "存在无限多条线" [18]与给定的线不可共测 (incommensurable)? 有些大学为 "数学的历史和哲学" 设立了教职, 我难以想

---

[14]原文为 genera-historian, 应是 general historian 之误. —— 译注

[15]Die mathematischen Ideen in historischer Behandlung (Bibl. Math. 2 (1901), p. 1). —— 原注

[16]La filiation des idées et l'enchaînement des dècouvertes (P. Tannery, *Oeuvres*, vol. X, p. 166). —— 原注

[17]全名 Alfred Edward Housman, 英国古典学者和诗人, 1859—1936. 他以其诗集《Shropshire 郡小伙子》(*A Shropshire Lad*) 而广为人知. 这些诗甚至吸引了 20 世纪早期许多英国作曲家为其谱曲. —— 校注

[18]Ὑπάρχουσιν εὐθεῖαι πλήθει ἄπειροι (Bk. X, Def. 3). —— 原注

象这两个学科有什么共同点.

不那么清晰的是这个问题, 何处 "普通概念" (用 Euclid 的词语) 止步, 何处数学开始. 前 n 个整数之和的公式与 "Pythagoras" 的三角数概念密切相关, 肯定值得称为一个数学思想; 但对初等的商业算术, 自古代的众多的关于这一主题的教科书到 Euler 关于这一主题的混饭吃之作, 它都现身, 我们应该说什么? 正二十面体的概念显然属于数学, 对立方体、矩形、圆 (可能与轮子的发明是分不开的) 这些概念也能这样说吗? 此处有一个介于文化史和数学史之间的模糊地带; 在哪儿划定界限不那么重要. 所有的数学家能说的是, 越近于穿过界限, 他的兴趣往往越会摇摆.

然而, 一旦我们同意数学思想是数学史真正的研究对象, 可能会得出一些有用的结论, 其中一个由 Tannery 表述如下 (同一文献, 脚注 3, p. 164). 没有任何疑问, 他说, 一个科学家 [如果] 能够拥有或获得在其科学的历史上做出杰出工作所需的全部素质; 他作为科学家的才能越大, 很可能他的历史工作会做得越好. 作为例子, 他提到了 Chasles[19]于几何, Laplace[20]于天文, Berthelot[21]于化学; 或许他也想到了其朋友 Zeuthen[22]. 他很可能会援引 Jacobi, 如果 Jacobi 活着的时候发表了其历史工作.[23]

---

[19]法国数学家, 1793—1880. 1812 年入巴黎综合理工学院, 在 S. D. Poisson (1781—1840) 指导下获博士学位, J. G. Darboux (1842—1917) 是其学生. 1837 年他出版了《几何学方法的起源和发展的历史概述》, 研究了射影几何中的互易极坐标方法, 这项工作使他赢得了名望. 他的著作还包括 1852 年的《高等几何》和 1865 年的《圆锥曲线》. 他因创立枚举几何学领域而获得英国皇家学会的 Copley 奖章, 1864 年他入选美国艺术与科学学院外籍荣誉会员. 他还是法国埃菲尔铁塔上所列 "七十二贤" 之一. 他的一件糗事是, 他曾轻信并大量购买伪造的科学家旧书信. —— 校注

[20]全名 Pierre-Simon Marquis de Laplace, 法国天文学家和数学家, 1749—1827. 他与 J. L. Lagrange (1736—1813) 协同工作, 证明了只要所有行星都沿同一方向绕太阳运行 (确实如此), 那么太阳系行星轨道的总偏心率是常数. 他在其不朽著作, 五大卷的《天体力学》中总结了引力理论, 这样他就圆满地完成了 A. Newton 在行星天文学上的工作, 因此他被称为 "法国的 Newton". 在 1812—1820 年间他写了一部概率论的专著, 给出了这一数学分支的现代形式. Laplace 最为人所知的是他的星云假说, 简单地说就是太阳起源于一团旋转着的巨大星云. 直到 20 世纪中叶才有更科学的假说替代它. —— 校注

[21]全名 Pierre Engène Marcellin Berthelot, 法国化学家和政治家, 1827—1907. 他在法兰西学院的博士论文涉及天然脂肪的合成. 他使甘油和脂肪酸生成脂肪, 使有机合成迈出了决定性的一步. 1865 年后他系统地合成各种有机化合物, 包括甲醇、乙醇、甲烷、乙炔等著名产物. 他是第一个合成自然界中所不存在的有机物的人. —— 校注

[22]全名 Hieronymus Georg Zeuthen, 丹麦数学家, 1839—1920. 他以圆锥截面的枚举几何、代数曲面和数学史闻名. 他被公认为中世纪和希腊数学史的专家. 他是 1897 年苏黎世、1904 年海德堡和 1908 年罗马国际数学家大会的邀请报告人. —— 校注

[23]Jacobi, 做学生时, 曾在古典语言学和数学之间犹豫不决; 他始终对希腊数学和数学史保持深厚的兴趣; 其关于这一主题的著作的若干摘录已由 Koenigsberger 发表于他写的 Jacobi 的传记中 (顺便说一下, 一个以数学为导向的伟大数学家传记的好样板): 见 L. Koenigsberger, *Carl Gustav Jacob Jacobi*, Teubner, 1904, p. 385–395 和 413–414. —— 原注

但例子几乎没有必要.的确,很明显,识别模糊或不成熟形式的数学思想,在许多现身光天化日下之前被认为是恰当的假象下追踪它们的能力, 最有可能是与比平均数学天赋更好的天赋连在一起的. 更有甚者, 它是这种天赋的一个主要成分, 因为发现的艺术, 很大程度上在于牢牢抓住"在空气中"的模糊想法,有的在我们周围飞,有些(援引Plato的话)漂浮旋绕在我们自己的头脑中.

一个人应该掌握多少数学知识才能做数学史? 根据一些人的说法, 所需的比计划写的那些作者所知的差不多; [24] 有些人甚至说, 知道的越少, 在以开放的心态阅读那些作者和避免时代误植上就准备得更好. 事实上恰恰相反. 没有远超其表面主题的知识, 几乎都不可能做到深刻理解任何特定时期的数学. 更常见的是, 让它有趣的正是那些早期出现的概念和方法注定只是在后来显现在数学家的自觉意识中; 历史学家的任务是分离它们并追踪它们对后续发展的影响或没有影响. 时代误植在于把这种 [显] 意识知识归因于某个从未有过 [这种知识] 的作者; 把 Archimedes 看作积分和微分学的先驱, 其对微积分的奠基人的影响几乎不可能被高估, 以及想从他身上看见, 正如有时所做的那样, 一个微积分的早期实践者, 这两者之间有巨大的差别. 另一方面, 把 Desargues[25]看作圆锥曲线的射影几何的创始人不存在时代误植, 但历史学家必须指出他的工作和 Pascal[26]的, 不久就陷入最深的遗忘, 只是在 Poncelet[27]和 Chasles 独立地重新发现这整个学科后才被拯救出来. 类似地, 考虑以下断言: 对数建立介于 0 和 1 之间的数的乘法半群和正实数的加法半群之间的同构. 这在比较近期之前是没有意义的. 然而, 如果我们把这些词汇搁在一边, 看这个陈述背后的事实, 无疑, 在 Neper[28]发明对数时, 它们被他很好地理解了, 除了他的实数

---

[24]这似乎曾是 Loria 的观点: "Per comprendere e giudicare gli scritti appartenenti alle età passate, basta di essere esperto in quelle parti delle scienze che trattano dei numeri e delle figure e che si considerano attualmente come parte della cultura generale dell'uomo civile" (G. Loria, *Guida allo Studio della Storia delle Matematiche*, U. Hoepli, Milano, 1946, p. 271).——原注

[25]全名 Girard Desargues, 法国数学家和工程师, 1591—1661. 他对透视图和几何投影的研究是其之前数百年科学探究的高潮, 他被认为是射影几何学的奠基人之一. 他设计了一套安装在巴黎附近用于供水的系统, 它基于当时未认识到的外摆轮原理. 以他的名字命名了 Desargues 定理、Desargues 图以及月球上的 Desargues 火山口.——校注

[26]全名 Blaise Pascal, 法国数学家和物理学家, 1623—1662. 他 16 岁时出版了一本论圆锥曲线几何学的书, 把 1900 年前 Apollonios 所得结果向前推进了一大步. 1642 年他发明了一种用齿轮做成的可做加减法的计算机, 即当今现金出纳机的祖先. 他与 Fermat 一起解决了赌徒提出的问题, 奠定了近代概率论的基础. 他发现了现在的 Pascal 原理, 它是水压机的基础.——校注

[27]全名 Jean Victor Poncelet, 法国数学家, 1788—1867. 他在本科毕业后加入军队任中尉工程师; 参与拿破仑的侵俄战争, 溃退后被俘. 他在狱中思考几何问题来打发时间. 1814 年他回到法国后其研究成果发表在于 1822 年出版的射影几何学的书中, 它被认为是近代几何学的基础.——校注

[28]Neper 为拉丁文. 英文全名 John Napier, 苏格兰数学家, 1550—1617. 他把数与指数形式联系起来, 把计算指数表示的方法称为对数, 这个术语一直沿用至今. 1614 年他出版了他的对数表. 它对当时科学的冲击就如同计算机对当代科学的冲击. 他还发明了小数点.——校注

概念不如我们的清楚; 这就是为什么他必须诉诸运动学概念来澄清他的意思, 正如 Archimedes 出于类似的原因, 在他的螺线的定义中所做的那样. [29]我们进一步回溯; 在 Euclid 的《几何原本》第 5 卷和第 7 卷中建立的量的比值和整数的比值理论, 由于他称之为 "重比 (double ratio)", 我们称之为比的平方, 被看作群理论的早期篇章这一事实是毋庸置疑的. 从历史上看, 音乐理论提供了整数比的希腊群理论是有道理的, 与埃及那里分数的纯加法处理形成鲜明对比; 如果是的话, 那里我们就有纯数学和应用数学相互影响的一个早期例子. 无论如何, 没有群的概念, 甚至带算子的群 (groups with operators) 的概念, 我们不可能恰当地分析 Euclid [《原本》] 第 5 卷和第 7 卷的内容, 因为量的比值被处理为乘法群作用在量自身的加法群上. [30] 一旦采用这个观点, Euclid 的那些书就失去了神秘的特征, 直接从它们通达 Oresme[31]和 Chuquet[32], 然后到 Neper 和对数的路线, 就变得容易跟随 (参见 NB, 第 154–159 和 167–168 页). 这样做, 我们当然不是把群概念归功于这些作者中的任何一位; 也不应把它归功于 Lagrange, 即使他做的是我们称之为 Galois 理论的东西. 另一方面, 即使 Gauss 未置一词, 他当然对有限交换群有清晰的概念, 在其研究 Euler 的数论之前就准备好了.

让我多援引几个例子. Fermat 的陈述表明他通过 "无限下降法" 的证明, 对 $n = 1, 2, 3$ 的情形, 掌握了二次型 $X^2 + nY^2$ 的理论. 他没有记录那些证明; 但最终 Euler 发展了那个理论, 也使用无限下降法, 所以我们可以认为 Fermat 的证明与 Euler 的没有太大的差别. 为什么无限下降法在那些情形成功? 知道对应的二次域有 Euclid 算法的历史学家很容易解释这一点; 后者, 用 Fermat 和 Euler 的语言和记号改写, 正好给出他们用无限下降法的证明, 就像 Hurwitz 对四元数算术的证明一样, 类似地改写, 给出 Euler (可能也是 Fermat) 对表整数为 4 个平方和的证明.

再用微积分中 Leibniz 的记号 $\int ydx$. 他一再坚持其不变的特征, 先

---

[29]参见 N. Bourbaki, *Eléments d'histoire des mathématiques*, Hermann, 1960, p. 167–168 和 174; 这本历史随笔文集, 在一个相当误导的书名下, 摘自同一作者的 *Eléments de mathématique*, 此后将引为 NB.——原注

[30]Euclid 是否相信量的比值群独立于所研究的量的类别仍是一个争议未决的问题; 参见 O. Becker, Quellen u. Studien 2 (1933), p. 369–387.——原注

[31]全名 Nicole Oresme. 法国中世纪后期的重要哲学家和数学家、心理学家, 约 1320—1382. 他提供了 Aristotle 道德作品的第一批白话译本, 至今仍在使用. 他还把 Aristotle《伦理, 政治和经济学》翻译成法文, 并对这些文本进行广泛评论. 他所著的《神圣论》批判了占星术. 他是第一个证明调和级数发散的数学家, 他还研究了分数幂和无限序列概率的概念, 在其后 5 个世纪中这些并未获得发展.——校注

[32]全名 Nicolas Chuquet, 法国数学家, 生于 1445—1455, 卒于 1488—1500. 他发明了他自己的代数概念和求幂的记号, 并可能是将零和负数识别为指数的第一人.——校注

是在他与 Tschirnhaus[33]的通信中 (他显得压根儿不懂), 然后在 1686 年的《学术学报》(*Acta Eruditorum*) 中; 他甚至 [专门] 用了一个词 ("普适的 (universalitas)"). 历史学家已经热烈地争议, 什么时候, 或是否, Leibniz 发现了相对不那么重要的结果, 在某些教科书里, 变得名为 "微积分的基本定理". 但是在 Élie Cartan 引入外微分形式, 并证明记号 $ydx_1 \cdots dx_m$ 不仅在自变量 (或局部坐标) 的变换下不变, 甚至在拉回下也是不变的之前, Leibniz 发现的 ydx 符号的不变性几乎没有得到真正的赏识.[34]

现在细看 Descartes[35]和 Fermat 之间关于切线引起的争论 (参见 NB, p. 192). Descartes, 断然决定, 只有代数曲线是适合几何学家的课题, 发明了一种求这些曲线的切线的方法, 基于这个思想, 一条可变曲线, 与给定的曲线 C 交于点 P 处, 当它们的交点方程在对应到 P 处有二重根时, 变得在 P 处相切于 C. 不久, Fermat 用无穷小方法找到摆线的切线后, 挑战 Descartes 用其方法做同样的事情. 当然, 他不能做到; Descartes 就是 Descartes, 他找到了答案 (全集, II, p. 308), 给了一个证明 ("相当短, 且相当简单", 用他为这个情形发明的旋转的瞬时中心法), 补充道他可以提供另一个 "更合乎他的口味和更几何的" 证明, 但省略了 "以免去写下来的麻烦"; 好吧, 他说, "这样的线是力学的", 他已经从几何中排除了它们. 当然, 这正是 Fermat 试图表达的观点; 他知道, Descartes 一样知道, 代数曲线是什么, 但对他的思考方式和 17 世纪大部分的几何学家而言, 把几何限制于这些曲线是怪异的.

得以洞见一个伟大数学家的特点和他的弱点是一种清白的快乐, 甚至严肃的历史学家自己也无须否认. 但从那个事件我们还能得出什么结论呢? 微不足道, 只要微分几何与代数几何的区别还没有澄清. Fermat 的方法属于前者, 依赖于局部幂级数展开的前几项; 它为微分几何和微分学所有以后的发展提供了开端. 另一方面, Descartes 的方法属于代数几何, 但限制于它, 在需要适用于相当任意的基域上的方法之前, 是奇怪的. 这样, 在抽象代数几何赋予它完全的意义之前, 争论要点不能被, 也确实没有被恰当地意识到.

还有另一个原因, 为什么数学史这一行, 可以被那些现在或曾经活跃的数

---

[33] 全名 Ehrenfried Walther von Tschirnhaus, 德国数学家、物理学家、医师和哲学家, 1651—1708. 年轻时他喜欢旅游, 在荷兰遇到 Huygens, 在英国遇到 Newton, 在巴黎遇到 Leibniz, 并与 Leibniz 保持终身的通信. 他引进的 Tschirnhaus 变换可从给定的代数方程中删除某些中间项. 他于 1687 年发表的《医学概论》将演绎方法与经验主义相结合. 他还被认为是欧洲瓷器的发明人. —— 校注

[34] 参见 NB, p. 208, 以及 A. Weil, Bull. Amer. Math. Soc. 81(1975), 683. —— 原注

[35] 全名 René Descartes, 拉丁化名字 Renatus Cartesius, 法国哲学家和数学家, 1596—1650. Descartes 是机械论者, 他在 1637 年出版的《方法论》中, 一开始就怀疑所有的事物, 怀疑的存在意味着某种正在怀疑的东西的存在, 即他自己的存在, 也就是 "我思故我在". Descartes 创立了坐标系, 从而创立了解析几何, 这种代数对几何的应用铺平了 Newton 发展微积分的道路. 他还用字母表中开头一些字母表示常数, 用最后一些字母表示变量, 并引进指数和平方根的记号. —— 校注

学家或至少与活跃的数学家有密切联系的人, 最佳地从事; 各种各样的误解并非不常发生, 我们自己的经验有助于保护我们. 例如, 我们太知道, 一个人不应该总是假设一个数学家完全意识到前人的工作, 即使当他把它包括在其参考文献中时; 我们当中谁读过他在自己的作品中列入参考文献的所有的书? 我们知道数学家在他们的工作中很少受到哲学思考的影响, 即使他们声称严肃对待它们; 我们知道他们有自己的方式处理基础问题: 交替于满不在乎的无视和最痛苦的挑剔关注. 最重要的是, 我们已经了解到原创思维与常规推理的差别, 数学家常觉得为了记录他必须写出常规推理以取悦同行, 或者也许只为取悦他自己. 一个冗长费力的证明可能是作者在表达自己时不那么贴切的迹象; 但更常见的是, 如我们所知, 这指明他在种种 [能力的] 局限下劳作, 这些局限阻止他把一些非常简单的想法直接翻译成文字或公式. 这样的例子可以给到数不清, 从希腊几何学 (可能最终被这样的局限所扼制) 到所谓的 ε 语言到 Nicolas Bourbaki, 他甚至有一次考虑在这类证明的页边空白处用一个特殊的符号警示读者. 严肃的数学史家的一项重要任务, 有时也是最难的任务之一, 正是要从过去的伟大数学家的工作中真正新的部分筛出这样的常规内容.

当然数学天赋和数学经验不足以成就合格的数学史家. 再次援引 Tannery (同一文献, 脚注 3, p. 165), "首先需要的是对历史的一种品味; 一个人必须形成一种历史感". 换句话说, 要求一种理智上同情的素质, 拥抱过去的时代, 同样拥抱我们自己的时代. 即使是相当杰出的数学家也可能完全缺乏这种素质; 我们中每个人也许都能说出几个坚定拒绝了解自己工作以外的任何工作的人. 也有必要不屈从这样 (对数学家是自然) 的诱惑, 在过去的数学家中专注于最伟大的, 忽略只有次要价值的工作. 即使从审美享受的角度来看, 持这样的态度可能失去很多, 如同每一位艺术爱好者所知; 从历史上看, 它可以是后果极严重的, 因为在缺乏合适的环境下, 天才罕有茁壮成长的, 对后者的一定的了解是恰当理解和欣赏前者的必要的前提. 甚至只要可能, 对数学发展的每个阶段在使用的教科书应仔细检查, 以便发现, 在某个特定的时间, 什么是以及什么不是常识.

记号也有其价值. 即使它们表面上看来不重要, 它们可能为历史学家提供有用的指针; 例如, 当他发现多年来, 甚至现在, 字母 K 都被用来表示域, 并且德语字母表示理想, 他的任务的一部分是解释为什么. 另一方面, 经常出现记号与主要的理论进展分不开的情况. 代数记号缓慢发展是这样的情况, 最终在 Viète 和 Descartes 手上完成. Leibniz (也许是有史以来最伟大的符号语言大师) 对微积分的高度个人创造的记号又是这样的情况; 正如我们已经看见, 它们表征 Leibniz 的发现那么成功以致后来的历史学家, 被这些记号的简洁欺骗, 没有注意到其中的一些发现. 于是, 历史学家有他自己的任务, 即使它们与数学家的那些任务重叠, 有时也可能与之一致. 例如, 在 17 世纪发生了这种情况, 一些最优秀的数学家, 在除了代数学以外的任何数学领域都缺乏直接的前辈, 他们有许多工作要做, 在我们看来, 这些工作很多会落到历史学家身上, 去编辑、出版、重构希腊人, 如 Archimedes, Apollonios[36], Pappos[37], Diophantus[38]的工作. 甚至现在, 不必提及更古老的作品, 在研究 19 世纪和 20 世纪的产出时, 历史学家和数学家并非不常见地会发现他们自己在共同的阵地上. 从我自己的经验, 我可以就在 Gauss 和 Eisenstein 中找到的建议的价值作证. Bernoulli 数的 Kummer 同余, 多年被看作仅是好奇后, 在 p 进 L 函数的理论中焕发新生, Fermat 关于无限下降法用在亏格 1 的 Diophantus 方程研究中的思想已在同样主题的当代研究中证明其价值.

那么, 当都在研究过去的工作的时候, 什么把历史学家区别于数学家? 没有疑问, 部分是他们的技术, 或者, 如我所说的, 他们的战术; 但主要地, 也许是他们的态度和动机. 历史学家倾向于把他的注意力引向更遥远的过去和更多种类的文化; 在这样的研究中, 数学家可能发现从中除了得到审美满足和间接发现的乐趣之外几乎没有什么益处. 数学家倾向于带着目的阅读, 或者至少希望由此产生富有成效的建议. 这里我们可以引用 Jacobi 在年轻时关于一本刚读过的书的话: "直到现在, 他说, 每当我学习了一件有价值的工作, 它就激发我原创性的想法; 这次的结果很是两手空空."[39] 如 Dirichlet 所注意的, 我从他那里借用了这段引语, 讽刺的是, 所说的这本书正是 Legendre 的《积分练习》(*Exercices de calcul intégral*), 里面有椭圆积分的工作, 很快就为 Jacobi 最伟大的发现提供了灵感; 但那些话是典型的. 数学家去阅读最主要是为了激发他的原创性 (或者, 我可以补充说, 有时不是那么原创的) 思想; 我认为, 说他的目的比历史学家的是更直接的功利主义没有不公平. 然而, 双方基本的职责都是处理数学思想, 那些过去的, 那些现在的, 如果他们能, 那些未来的. 双方都能在对方的工作中得到无价的训练和启迪. 因此我最初的问题 "为什么有数学史? " 最后归结为问题 "为什么有数学? ", 幸运的是我未感到被召唤来回答.

编者按: 本文译自 Proceedings of the International Congress of Mathe-

---

[36] 希腊数学家, 约公元前 262 — 前 190. 他可能在 Archimedes 指导下学习过, 并以 Euclid 的传统写了 Euclid 未涉及的圆锥曲线的书. —— 校注

[37] 百科全书编纂者, 约 290 — 约 350. 他是古希腊最后一位伟大的数学家. 他所收集的著作包括了今天我们所知的几乎所有古希腊数学家. —— 校注

[38] 原文为 Diophantos, 是其古希腊名的直接转写, 文中出现的古希腊人名同. 古希腊数学家, 约 210 — 约 290. 他以 Diophantus 方程和 Diophantus 逼近著称. 在他之前, 古希腊数学的光辉成就是几何学, 而他带来了代数学上的成就. 他也是第一个把有理数作为方程系数或解的希腊数学家. —— 校注

[39] "Wenn ich sonst ein bedeutendes Werk studiert habe, hat es mich immer zu eignen Gedanken angeregt ... Diesmal bin ich ganz leer ausgegangen und nicht zum geringsten Einfall inspiriert worden" (Dirichlet, *Werke*, Bd. II, S. 231). —— 原注

maticians, Helsinki, 1978. History of mathematics: why and how, André Weil. 芬兰科学与文学院授予译文出版许可. 本文原载于《数学译林》2002 年第 2 期第 163–172 页. 一位上海 IT 从业者赵磊先生来函指出了文中一些错误 (主要是希腊人名的拉丁文表示的问题). 现趁此转载机会将这些错误改正, 也向赵先生表示衷心的感谢.

拉斐尔·邦贝利的《代数学》前言

拉斐尔·邦贝利

译者: 赵继伟

拉斐尔·邦贝利 (Rafael Bombelli, 1526—1572), 16 世纪意大利数学家. 他撰写的 5 卷本《代数学》(*L'Algebra*), 是一部影响深远的文艺复兴时期的数学名著, 德国哲学家和数学家莱布尼茨曾深入学习此书. 书中系统总结了自古希腊欧几里得和丢番图开创, 经过印度和阿拉伯数学家的发展, 并以文艺复兴时期卡尔达诺、塔尔塔利亚和费拉里解出三次与四次方程而达到顶峰的代数理论, 同时还包括作者自己的许多创造性成果, 如解决了三次方程不可约的情况, 建立虚数的运算法则, 指出复根的共轭性, 指出三等分角问题可转化为解不可约情形的三次方程问题, 引进一些较先进的数学符号, 首次用连分数来逼近平方根的值, 等等.

致读者

我知道, 试图三言两语就想解释数学学科的无尽卓越不过是枉费时日. 诚然, 已有许多杰出的思想和著名的作者赞美过数学的卓越. 然而, 尽管我有一些缺点, 我还是觉得必须谈谈在数学学科中现在一般人称为代数学的这门学科的至高无上的地位.

所有其他数学学科都要使用代数学. 事实上, 没有代数, 算术学家和几何学家无法解决问题并建立证明; 如果不是被迫依赖于别人建立的表格, 天文学家就无法度量天空和角度, 也不能和宇宙学家一起找到圆和直线的交点. 这些表格被几乎不懂数学的人反复印刷, 已经漏洞百出. 因此, 用它们进行计算的人肯定会产生很多错误.

没有代数学, 音乐家很少、甚至不能理解音乐的比例. 建筑学又怎么样呢? 只有代数学为我们提供方法 (通过力线) 建造堡垒、战车以及能被度量的每件事物, 比如处理建筑学中的透视图等方面的问题时所产生的立体和比例.

代数学也能让我们理解建筑学中所产生的错误.

姑且不论这些 (自明的) 事情, 我只想说: 或者是因为代数学内在的困难, 或者是因为人们对它撰写的混乱, 代数学越是完美, 我看到人们对它所做的工作越少. 我对这种形势考虑了很久, 但仍然不知道为什么会这样. 很多人说过, 他们对代数学的犹豫源自因无法学习它而产生的不信任, 源自对代数学及其用途的无知. 但我认为这些人只不过是用这些借口进行自我保护. 如果他们愿意说实话, 他们更应该说 [他们对代数学缺少兴趣的] 真正原因是其智力的弱点和粗糙. 事实上, 所有的数学都与思考有关. 一个不善于思考的人学习数学, 即使很努力也是徒劳. 我不否认, 对代数学的学生而言, 造成其很多痛苦和理解障碍的一个因素是作者以及这门学科中的秩序缺失所造成的混乱.

这样, 为了扫除思考者和这门科学的爱好者的所有障碍, 为了摒弃所有怯懦和笨拙的借口, 我致力于在代数学中建立完美的秩序, 并讨论这门学科中别人未讨论过的所有问题. 因此我开始写这本书, 这既是为了保持这门科学的名声, 也是为了使它对每个人都有用.

为了更容易完成这项工作, 我首先着手检查其他作者对这门学科所写的大部分著作. 我的目的是弥补他们遗漏的知识. 这样的作者有很多, 阿拉伯人穆罕默德 · 伊本 · 穆萨 (Muhammad ibn Musà) 被认为是第一个. 穆罕默德 · 伊本 · 穆萨是一本小书的作者, 该书的价值并不是很大. 我相信 "代数学" 的名字来源于他. 这是因为, 按照方济会修士的顺序, 博尔戈 · 得 · 圣 · 塞波克罗 (Borgo del San Sepolcro) 的修道士卢卡 · 帕西奥里 (Luca Pacioli) 用拉丁语和意大利语撰写过代数, 他说 "代数" 的名字来自阿拉伯, 它翻译成我们的语言是 "位置", 并且这门科学也来自阿拉伯. 类似地, 其后的作者也相信并且说过这一观点.

然而, 过去几年在我们的圣地梵蒂冈的图书馆发现了一本这门学科的希腊著作. 这部作品的作者是亚历山大的丢番图 (Diophantus), 这个希腊人生活在安东尼 · 皮乌斯 (Antoninus Pius) 时代. 来自雷焦 (Reggio) 的罗马数学公众讲师安托尼奥 · 玛丽亚 · 帕兹 (Antonio Maria Pazzi) 给我看了丢番图的著作. 为了能使人们接近这本书, 我们开始翻译它. 因为我们二人都认为他对有理数非常精通 (他没有处理无理数, 只有在其运算中才能真正看到完美的秩序). 他的著作共 7 卷, 我们翻译了 5 卷. 由于我们二人都有公务, 剩下的章节没能完成. 我们发现丢番图在这部著作中经常引用印度人. 这样我才知道, 印度人在阿拉伯人之前就知道这门学科了. 很多年之后, 莱昂纳多 · 斐波那契 (Leonardo Fibonacci) 用拉丁语撰写了代数学. 在他之后直到上述的卢卡 · 帕西奥里, 没人说过有价值的话. 虽然修道士卢卡 · 帕西奥里是个粗心的作者并因此犯过一些错误, 但他却第一个照亮了这门科学. 事实的确是这样, 尽管有些人假装是发起者而把所有的荣誉都归于他们自己, 不道德地批评修道士的几处错误, 但对其著作中好的部分却缄口不言. 到了我们这个时代, 外国人和意大利人都撰写代数学, 如法国人欧龙斯・法恩 (Oronce Finé), 爱尔福特的恩里克・史雷伯 (Enrico Schreiber), 鲍格兰尼 (Boglione), 德国人米歇尔・斯蒂菲尔 (Michele Stifel), 还有一个对代数学著述颇丰的西班牙人.

然而, 的确没有人比帕维亚的卡尔达诺 (Cardano) 更深刻地洞见到事物的秘密. 在其《大术》(*Ars Magna*) 中, 他详细阐述了这门科学. 然而他说得并不清楚. 为了反驳布雷西亚的尼古拉・塔塔利亚 (Niccolò Tartaglia), 他与劳德维克・费拉里 (Lodovico Ferrari) 合著了 "挑战书" (*Cartelli*), 其中也探讨了代数. 在这些 "挑战书" 中, 我们看到非常漂亮精巧的代数学问题, 但就塔塔利亚而言则是太不谦虚了. 塔塔利亚自己的禀性使其惯于说坏话, 我们可能会认为, 他好像要通过这样做来获得自己的荣誉. 塔塔利亚冒犯了我们这个时代大部分高尚而聪明的思想家, 就像他对卡尔达诺和费拉里所做的那样, 而他们的心灵与其说是人文的, 不如说是神圣的.

其他人也撰写过代数学, 如果要引用他们, 我必须做大量的工作. 然而, 考虑到他们的著作益处很小, 我不再谈论它们. 这样我只想说, 看到已经提及的作者们所讨论的代数学 (如前所述) 的内容, 为了公众的利益, 我也要加上这本书. 这本书分成 3 卷. 第一卷包括欧几里得 (Euclid) 第十章的实践方面, 即立方根和平方根的运算方法; 在讨论立方体时这种立方根的运算模式很有用. 在第二卷, 我讨论了代数学中有未知量时的所有运算方式, 给出了方程的解法及其几何证明. 在第三卷, (作为对这门科学的检验,) 我提出了大约 300 个问题, 以使这门学科的学者在阅读时体会到从这门科学获得的如沐春风的好处. 哦, 读者们, 请以冷静的心态接受我的著作, 并努力理解它. 这样你会知道它对你是多么有益. 然而, 我要警告你, 如果你不熟悉基本的算术, 请不要学习代数, 因为你是在浪费时间. 如果你看到这本书中有些并非来自我而是来自出版商的错误或订正, 请不要谴责我. 事实上, 即使我们尽可能小心, 还是不能避免排版的错误. 同样, 如果你发现我句子结构的不当之处, 或者风格上令人不够愉快, 也请不要太严厉地对待它. 我早前说过, 我的唯一目的是讲授算术 (或代数) 中最重要部分的理论与实践. 它处在真主的荣耀中, 并且是为了让众生受益, 希望真主喜欢它.

编者按: 本文是邦贝利为《代数学》的读者写的前言, 反映了当时数学家对代数这门学科的认知以及对其发展历史的了解. 原文是意大利文, 中译文从英译文转译 (英译文作为附录载于 Federica la Nave, Barry Mazur, Reading Bombelli, *The Mathematical Intelligencer*, 2002, 24(1): 12–21).

趣味数学

杂耍数学与魔术

Ron Graham

译者: 李洪洲

Ron Graham (1935—2020), 美国加州大学圣迭戈分校教授, 数学家、计算机科学家、魔术师和杂耍专家.

神秘的魔术和眼花缭乱的杂耍与数学有着令人惊讶的联系. 本文将展示其中几例.

1. 均匀洗牌

纸牌游戏已经有好几百年的历史了. 许多赌机运的游戏都用到纸牌, 这是早期概率论发展的动力因素之一. 纸牌也是魔术师最为钟爱的道具. 事实证明, 许多纸牌魔术都依赖于纸牌本身特定的数学性质.

比方说, 我们要整理一副牌, 这副牌有 $2n$ 张, 从头到尾按标记数字 $1,2,3,\cdots,2n$ (通常 $2n=52$) 顺序排列. 许多训练有素的魔术师都能够做到均匀洗牌 (perfect shuffle)——即先把这副牌平均分成两摞, 每摞 n 张. 然后使这两摞牌准确地每张彼此交错形成新的一摞. 经过这样的洗牌后, 显然会出现两个可能: 一个是标有 1 的那张牌还在最上面, 我们命名为 "外洗"

(out-shuffle); 另一个是它移到了第二的位置, 我们命名为 "内洗" (in-shuffle) (见图 1). 一个很自然的问题是: 一副按初始顺序排列的 $2n$ 张牌经过任意序列的内洗和外洗后, 可能会有多少个排序结果呢? 你也许会猜测, 所有可能的 $(2n)!$ 个排列都会出现.

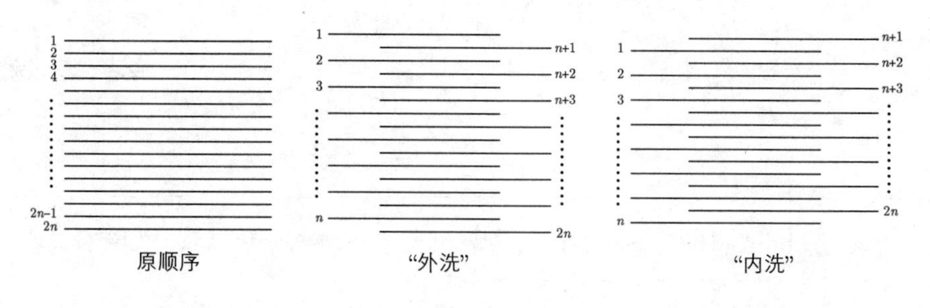

图 1 "外洗" 和 "内洗"

然而, 魔术师们早就认识到这种洗牌方式会自然地排除一些可能, 因为那些关于中心对称的牌对 (pairs of cards), 经过洗牌后仍然会保持中心对称的关系——也就是说, 原来在位置 $\{i, 2n+1-i\}$ 的一对牌将会移动到 $\{j, 2n+1-j\}$, 其中 j 为这副牌中的任意位置; 只不过, 在位置 i 的那张牌可能会移到位置 j 或位置 $2n+1-j$. 因此, 最多只有 $2^n n!$ 个排列. 所有这些排列都能实现吗?

用更多的数学来分析这个问题. 令 $\mathrm{Sh}(2n) = \langle I, O \rangle$ 表示对一副 $2n$ 张牌进行一系列外洗和内洗后可能会出现的排序群. 于是, $\mathrm{Sh}(2n)$ 是 S_{2n} (由 $1, 2, \cdots, 2n$ 的所有置换构成的对称群) 的子群. 那么, $\mathrm{Sh}(2n)$ 是一个怎样的群? 其阶 $|\mathrm{Sh}(2n)|$ 又是多少呢? 我们刚才已指出, $|\mathrm{Sh}(2n)| \leqslant 2^n n!$.

这个问题的首次解答在参考文献 [2] 中. 其结果是, 对于 n 的可能取值, 大约有四分之一个满足 $|\mathrm{Sh}(2n)|=2^n n!$. 更准确地说, 当 $n \equiv 2 \pmod 4$, $n > 6$ 时, $|\mathrm{Sh}(2n)|=2^n n!$. 当奇数 $n > 5$, 就会少一个因数 2, 这时 $|\mathrm{Sh}(2n)|=2^{n-1} n!$. 当 $n \equiv 0 \pmod 4$, $n > 12$, 且 n 不是 2 的幂, 就又少一个因数 2, 这时 $|\mathrm{Sh}(2n)|=2^{n-2} n!$. 请注意, 在以上这些情况中, 可能出现的排列的数量是以指数函数的形式增长的. 这对魔术师来说可不是一个好消息. 不过, 当纸牌的张数可以表达为 $2n = 2^t$ (对于某些 t) 则对于魔术师来讲是一个非常好的消息. 这时 $\mathrm{Sh}(2^t)$ 的阶只有 $t \cdot 2^t$ (从数学角度来看, 群 $\mathrm{Sh}(2n)$ 是 $\mathbf{Z}_k$ 与 $\mathbf{Z}_2^t$ 半直积; 详见文献 [2]). 具体而言, 此时如果知道了任意两张牌 (比如, 第一张牌和最后一张牌) 的位置, 也就确定了其他所有牌的位置 (现在你就知道, 为什么魔术师经常使用的牌的张数是 16, 32 或 64).

不过你要问, 如果不是上面所说的张数会怎么样呢? 那将会有另一种惊奇. 当一副牌有 24 张时, 用外洗–内洗序列对 12 个中心对称的牌对洗牌后所生成的排序群恰好是马蒂厄群 (Mathieu group) M_{12}——这是阶为 $8\cdot 9\cdot 10\cdot 11\cdot 12=95040$ 的有名的零散单群 (sporadic simple group). 所以, 如果中世纪的魔术师足够心细的话, 就会早于数学家们发现 M_{12}.

当然, 关于洗牌排列群 $\mathrm{Sh}(2n)=\langle I,O\rangle$ 仍然存在着许多没有回答的问题. 比如, $\mathrm{Sh}(2n)$ 的直径是多少? 如何找到最短的洗牌序列, 来联系 $\mathrm{Sh}(2n)$ 中两个给定的排列? 当把一副牌均分成三摞或更多摞时, 均匀洗牌会相应地产生怎样的结果和问题? 这些仅仅是隐藏在纸牌技巧背后的有趣数学的几个例子. 关于许多其他相似的例子, 读者可以参阅文献 [3].

2. 抛球杂耍序列

数学经常被认为是关于模式的科学. 而杂耍则被看作在时–空中控制模式的艺术. 最近我们在杂耍和数学之间发现了一些新的惊人的联系. 下面就是其中之一. 假设, 时间是一系列离散且标有 $0,1,2,\cdots$ 的时间点. 对每个离散的时间点 i, 赋予非负整数 $t(i)$. 在这个模型中, 用一个有限的序列 $T=(t(1),t(2),\cdots,t(n))$ 来表示一系列连续抛物动作, 使得该物体 (通常是球) 在时刻 i 被抛出, 然后经过 $t(i)$ 个单位时间, 在 $i+t(i)$ 时间点回落. 我们通常假定, 序列 T 会无限重复. 图 2 显示了被抛起的球在序列 $T=(5,3,4)$ 下的路径图. 这个序列会无限重复下去, 形如 $(5,3,4,5,3,4,5,3,4,5,3,4,\cdots)$.

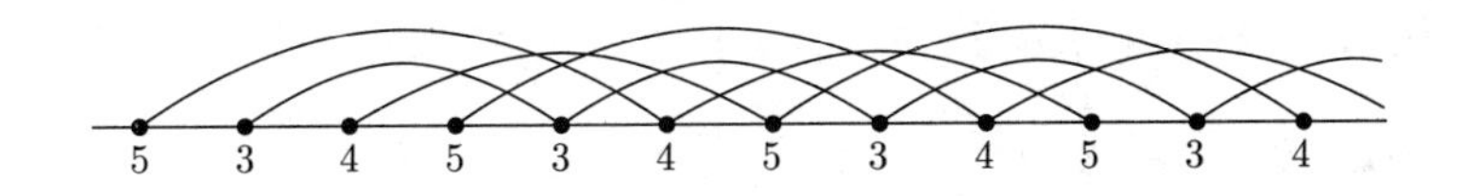

图 2 抛球杂耍序列 $(5,3,4,5,3,4,\cdots)$

对这个模式通常解释为, 我们交替地用右手和左手来抛、接球. 于是, 如果模式中的一个球, 在时刻 i 被右手抛出, 然后经过 $t(i)=5$, 在时刻 $i+5$ 落回到左手. 请注意在这个模式中, 两个球永远不会同时落回 (认识到这一点对于杂耍演员很重要!). 然而, 在图 3 中我们可以看到, 对于序列 $(5,4,3,5,4,3,\cdots)$ 来说, 情况不是这样.

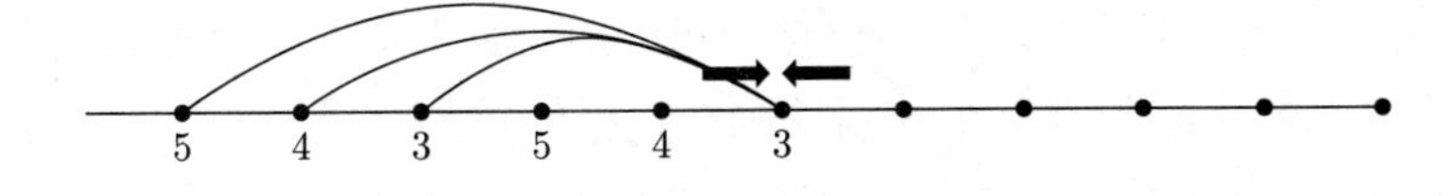

图 3 按照序列 $(5,4,3,5,4,3,\cdots)$ 抛球会遇到的问题

容易看出, 阻止两个球同时落回的必要条件是所有的 $i+t(i)$ 是不同的. 然而, 要想完成抛球表演, 这个条件还不充分, 例如序列 $(3,4,6)$ 即可说明. 由

于抛球模式需要无限重复下去, 所以 $i+t(i)$ 实际上对于模 n 必须是不同的. 这其实是让 $(t(1),t(2),\cdots,t(n))$ 成为抛球杂耍序列的充要条件, 因而有以下的定义:

一个抛球杂耍序列是指一个非负整数的序列 $T=(t(1),t(2),\cdots,t(n))$, 满足所有 n 个值 $i+t(i) \pmod n$ 是两两不同的.

这样的抛球杂耍序列被称为具有 "周期"n. 抛球杂耍序列中的一个重要参数是有多少个球被抛出 (可想而知, 为什么一个杂耍演员要知道这个!). 不难证明, 由抛球杂耍序列 $(t(1),t(2),\cdots,t(n))$ 确定的抛球个数 b 正好是平均数 $\frac{1}{n}\sum_{i=1}^{n}t(i)$. (问题: 为什么它是一个整数?) 一个有趣的问题是: b 个球, 周期 n, 有多少个抛球杂耍序列呢? 在参考文献 [1] 中给出了明确的公式 $(b+1)^n-b^n$. 因此, 对于 3 个球和周期 5, 就有 $4^5-3^5=781$ 个序列 (如果你想掌握这样难度的抛球技巧, 这还是很多的). 虽然关于这个结果没有一个简单的证明, 但是从结果的形式来看, 我们猜想应该存在这样的证明.

如上所述, 对于任意的抛球杂耍序列 $(t(1),t(2),\cdots,t(n))$ 来说, 其和 $\sum_{i=1}^{n}t(i)$ 必须被 n 整除. 但这不是一个充分条件, 序列 (5, 4, 3) 即可作为例子说明. 然而, 有一个漂亮的 Marshall Hall 定理 [4], 它可以被当作某种逆命题. 其表述如下.

定理 1 令 $(a(1),a(2)\cdots,a(n))$ 为任意整数序列, 满足 $\sum_{i=1}^{n}a(i)\equiv 0 \pmod n$. 则存在 $\{1,2,\cdots,n\}$ 的某个置换 π, 使得所有的 $i+a(\pi(i)) \pmod n$ 两两不同 (从而构成模 n 的完全剩余类).

于是, 任何一个其平均值为整数的非负整序列都可被重新排列成一个抛球杂耍序列. 如果能找到这个结果的一个简单证明, 那将会是非常好的 (或许一位了不起的读者能找到它!).

虽然定理 1 保证我们能把一个其平均数为整数的给定序列重新安排为一个抛球杂耍序列, 但是它没有说明如何重新安排这个新序列. 例如有 23 个整数的序列 (1, 7, 19, 14, 1, 8, 20, 8, 6, 3, 11, 12, 18, 9, 14, 8, 11, 10, 19, 22, 7, 8, 17), 其和能被 23 整除. 于是根据 Hall 定理, 它的某个重组是抛球杂耍序列. 我们怎么能实际找到这个重组序列? 这样的重组序列有多少? 一般来说, 哪个长度为 n 的序列包含最少的能够排成抛球杂耍序列的重组个数? (其成员全为 0 的序列具有最多的重组个数!)

一个推广定理 1 的非常好的猜想 (详见参考文献 [5]) 如下.

猜想 设 $1\leqslant k<n$, 令 $(a(1),a(2),\cdots,a(k))$ 为 k 个整数 (不一定两

两不同) 的序列. 则存在 $\{1, 2, \cdots, k\}$ 的某个置换 π, 使得所有的 $i + a(\pi(i))$ $(\bmod\ n)$ 两两不同.

当 $k = n - 1$, 这就是定理 1. $2k \leqslant n + 1$ 的情况已在文献 [5] 中得到证明. 其他所有的情况, 目前还没有被证明.

3. 总结

在这篇短文中, 我讲了在魔术和杂耍领域中出现的许多数学问题中的两个例子. 当然, 作为一名数学家, 我倾向于在周围的事物中发现数学. 我相信数学是无处不在的; 我们所必须去做的, 就是寻找它.

参考文献

[1] Joe Buhler, David Eisenbud, Ron Graham, Colin Wright. Juggling drops and descents, *Amer. Math. Monthly* 101 (1994), 507–519.

[2] Persi Diaconis, Ron Graham, William Kantor. The mathematics of perfect shuffles, *Adv. Appl. Math.* 4 (1983), 175–196.

[3] Persi Diaconis, Ron Graham. *Magical Mathematics: The mathematical ideas that animate great magic tricks*, Princeton Univ. Press, 2012, 244 pp.

[4] Marshall Hall. A combinatorial problem on abelian groups, *Proc. Amer. Math. Soc.* 3 (1952), 584–587.

[5] André Kézdy, Hunter Snevily. Distinct sums modulo n and tree embeddings, *Combinatorics, Probability and Computing*, 11 (2002), 35–42.

[6] Burkhard Polster. *The Mathematics of Juggling*, Springer-Verlag, 2003, 226 pp.

编者按: 原文题目是 Juggling Mathematics and Magic, 载于 *Notices of the ICCM*, 2013, July, 1(1): 7–9.

数学诗文

理有所依、情有所达、心有所归：浅谈数学诗文

李雪甄

李雪甄是文藻外语大学通识教育中心教授，研究科学计算及数值偏微分方程，发展数值方法探讨非牛顿流体问题. 现任通识教育中心主任，从事数学通识教育推广，曾获绩优课程计划教师，指导学生参加竞赛多次获奖，包括技专院校“文以载数创作奖”、技专院校“创意统计图锦图妙计创作奖”、台积电杯青年尬科学等.

前言

“我想学画画，心里一直有一个念头：这个世界很美，我想要表达这份情感.” 这是物理学家 Richard Feynman 渴望透过艺术传达科学之美的方式 [1]. 相对于物理，用抽象符号与特殊语句描述世界的数学家，在体会了数学之美后，往往也会有着：“我想学写诗，心里一直有一个念头：数学很美，我想用文字表达这份情感.” 数学诗文是一种融合数学与文学的叙事方式，本文将从史诗、古诗、诗歌到文学，呈现不同数学诗文的样貌，并透过这些作品来了解，如何交融数学的真与诗文的美，才可以让文学的浪漫被数学接受，数学的奥妙被文学拥抱，连接后的诗文心意被看到，成为能圆满数学之“真”、文字之“美”、叙事之“善”的动人文章.

关于数学诗文

数学是用抽象符号去证明永恒不变的事实来与世界沟通，诗文则是透过美好的文字语汇来传达对天地万物的情感，两个相异的学科，感觉壁垒分明，然而连接这两门学科，赋予学科新的创作空间的数学诗文，其实是很吸引人的，也可以引起不少共鸣. 就以这一段短诗为例：

Deborah 知道两件事.
首先, 山会流动, 如同一切都在流动.
其次, 他们在主面前流过, 而不是在人面前,
因为人在他短暂的一生中看不到, 但上帝可观察时间是无穷的.
因此, 我们可以好好地定义一个无因次化的 Deborah 数,
$D=$ 松弛时间/观察时间.

这一段短诗是摘录于以色列科学家 Markus Reiner 介绍流变学的 Deborah 数的文章 [2]. 流变学是一门探讨变形和流动的科学, 研究对象是流体、软固体, 或者在某些条件下可以流动而不是弹性形变的固体. Deborah 数是流变学中常见的数值, 用来量化在外力下物质的变形和流动的黏弹性效应 (viscoelastic effect). 在这篇文章中, Reiner 表示语言修辞学者要引用 "一切都在流动", 古希腊哲学家 Heraclitus 所说的话来阐述流变学, 这是不完整的. 因为流变学除了讨论液体之外, 对于会有应力的释放与潜变现象的固体也不能被忽略. 因此, 为了更真切表达出这部分, 他引用圣经里, 希伯来人的女先知 Prophetess Deborah 在赢得 Philistines 战役后所唱的诗歌, "山在主面前流动", 用来说明万物不会恒久不变, 时间是最大的因素, 因而定义出用松弛时间与观察时间之比值, 也就是以女先知 Deborah 所命名的 Deborah 数. 在此定义下, 当观察时间很长或物体的松弛时间很短, 物质会呈现流体的流动现象; 相反, 若物体的松弛时间很长或观察时间很短, 物质亦呈现固体的潜变现象. 虽然这个定义, 后来因 "观察时间" 在复杂流场内会有描述不够明确之虑, 而修正为 "变形过程的特征时间" [3], 但文中 Reiner 将数学定义与神学的诗文结合, 用数学的思维去诠释诗歌, 而呈现诗歌的别样风采, 也成了这篇流体力学的文章里, 最令人咀嚼再三的地方.

另外, 在中国古诗里, 也可见到数学诗文, 如下:

我有一壶酒, 携着游春走.
遇务添一倍, 逢店饮斗九.
店务经四处, 没了壶中酒.
借问此壶中, 当原多少酒?

这是西元 1303 年中国元朝数学家朱世杰在《四元玉鉴》[1] 中的短诗. 大意是说在走春过程中, 自己携带一壶酒, 酒在添一倍与饮斗九间, 四回后没了,

[1]《四元玉鉴》3 卷, 元代朱世杰撰, 1303 年刊于广陵. 全书分为 24 门, 288 个问题, 全部用天元术、二元术、三元术、四元术 (即 1 至 4 元的高次方程或方程组) 解决. 引自维基百科.

要询问原有多少酒?[2] 这种在诗文中用很有趣味的方式带出数学算术, 让诗中有数, 数中有诗, 也是一种数学诗文.

数学诗文近年也有不少好的学生作品, 以下是源自技专院校所推动的文以载数创作奖竞赛, 其宗旨为鼓励学生将理性的数学与感性的文字结合, 创作与数学有关的诗歌与散文的文学作品, 激发学生对数学的兴趣及创意联想 [4]. 以诗歌类得奖作品郑羽彤同学的《抛物线》为例 [5], 全文如下:

抛　物　线

文 / 郑羽彤

时间留在去年相遇的顶点
我站在焦点上　你站在准线那一端
在相等距离的期待下我们彼此靠近
我们期待彼此成为生命中完美的顶点
然而现实是如此
离开的那一天　我还记得
从最高的顶点　你我
朝着不同方向　坠落

时间走来了今天
回忆起那一天　我还记得
从最低的顶点　你我
朝着不同方向　迈进……

不完美的顶点　彼此却成长
画一个完美的弧线
我们在两端无限延伸　不再相交
抛物线无限地走　弯不了圆
我明白至少我们能
顺着那弧度
绽放笑容

——本文作者就读于文藻外语大学数位内容应用与管理系

这是一篇将数学知识与文学意涵融合得很成功的作品, 文章利用抛物线的形, 顺着时间的轴, 诉说着两人分别从抛物线的准线与焦点, 朝顶点前进, 在高峰相遇, 相聚, 离别, 虽回到谷底但各自往不同方向成长, 也给对方祝福. 透过淡雅朴实的文字, 表达出作者欲透过数学诗文传达一种云淡风轻的释怀.

---

[2] 解法: 设酒有 x 斗, 若 $2(2(2(2x-1.9)-1.9)-1.9)-1.9=0$, 则 $x=1.78125$.

数学诗文顾名思义是建立在数学与文学的基础上, 只是数学与文学思维不同, 研究的方法不同. 若问河流下个转弯处是什么, 数学家往往会说, 那就要顺流而下到转弯处去看看, 就会知道是什么. 文学家则可能会说, 自己画一条河, 就会知道转弯处是什么. 数学是寻找与发现, 文学是创造与发明, 彼此在平行线上的两端, 究竟连接它们的元素是什么才可以成就一篇完整的数学诗文? 下面我们将透过学生创作的得奖作品, 提出对上述问题的浅见, 以供参考.

数学诗文需要的元素

数学诗文是一种透过文字创作传递数学知识的叙事方式 [6], 包括诗歌与文学. 数学诗文又可分成 "文学数学化" 与 "数学文学化" 两种, 文学数学化指的是在文学作品里加入数学知识, 让叙事别有意境, 主要以文学欣赏为主, 如郑羽彤的抛物线; 数学文学化则是在数学命题中加入文学情境, 让叙事添加戏剧性, 以传递数学知识为主要, 如朱世杰的《四元玉鉴》短诗.

文以载数创作奖散文类得奖作品方建毅同学的 "理科生情书" 是同时具有 "文学数学化" 与 "数学文学化" 的作品. 理科生情书内容分成男生告白篇与女生表白篇. 男生告白篇是在文学作品里加入数学元素, 如: 空集合、椭圆、圆与绝对值等, 让叙事别有意境, 如: 从此, 我有了心 …… 成为包含不了任何东西的空集; 如果你不喜欢波谷, 我们就环起双手构成函数的绝对值, 让它只出现我们喜欢的波峰, 让我们的爱情一直甜蜜到永远, 故是偏向文学数学化. 女生表白篇则是以介绍不同的数学方程式为主, 透过所创造情境, 让内容添加戏剧性, 使阅读者借此认识数学知识, 偏向数学文学化.

理科生情书是以理科生的角度, 分别透过理科男生对心仪女孩的真切告白, 以及女生对理科生男孩的隐喻表白, 展现出两种不同的散文风格. 男生告白篇带有诗歌般浓郁情感, 女生表白篇则是以男女对话形式呈现. 整个文章很完整, 在内容里我们看到数学, 也看到文学, 当两者自然地连接后, 我们也看到作者想要呈现的巧思. 理科生情书全文如下:

理科生情书

文 / 方建毅

男生告白篇

从前, 我是一个没有感情的零, 我什么也没有.

而后, 我遇到你, 看见你的时候, 就像有一把丘比特的箭射进我的身体, 从此, 我有了心, 那就是你给我的箭, 我的心里, 便只有你那把丘比特的箭, 我也变为包含不了任何东西的空集.

曾几何时, 我很怕, 在这里会遇到一个自己喜欢的女孩子, 两年后便要因为异地而分开, 就像一个椭圆的两个焦点一样, 无论两个焦点怎样移动, 始终不能重合. 但现在, 当我遇到你的时候, 一切的一切便不再是问题. 如果异地, 我就飞过来找你, 如果我们注定是椭圆而一定不能重合, 那我们就做第一个焦点重合的椭圆, 做第一个为爱情而诞生的"圆". 相信我, 无论挡在我们面前的是多么巨大庞然的人生, 相信我, 波峰出现的征兆就是出现在波谷之后. 如果你不喜欢波谷, 我们就环起双手构成函数的绝对值, 让它只出现我们喜欢的波峰, 让我们的爱情一直甜蜜到永远.

女生表白篇

女: 嘿, 有几个问题想请教你, 你能帮帮忙吗?

男: 你说吧.

女: i 的 $4n+1$ 次方等于多少?

男: i 的 $4n+1$ 等于 i 的 1 次方等于 i.

女: 这道题, 根据能量守恒定律中摩擦力做功除以力对应的结果用公式表示是什么?

男: 这么简单都不会, 因为 $Q = F \times L$ (忽略其他外力情况下) 所以得出来的是距离 L 啦!

女: 圆的极坐标方程, 若圆心在原点, 则 $P = R$, 那圆如何表示?

男: 因为圆心在原点, 所以直接用 O 表示即可.

女: 这道物理题说距离除以时间的微积分, 怎么求?

男: 哎, 这就是个假象, 你可以想象无数个距离除以无数个时间, 你就当是距离除以时间吧, 也就是 S 除以 T 等于 V 了.

女: $\lim\limits_{x\to\infty}(1+1/x)^x$ 这个题 …… 该怎么解决?

男: 老师上课讲, 你肯定没认真听讲, 这看起来很复杂, 其实经过变形结果是 e, 你记住就好了.

女: 这个英文化学符号是什么符号啊? 我看不懂.

男: 这个 Uranium 其实是自然界中能够找到最重的元素, 铀元素啦, 简称是 U.

女: 我也是.

男: 什么?

女: 我也爱你.

男: ? ? ? ? ! ! ! ! !

女: 你把刚刚给你的答案都用符号读一遍看看?

男: i, l, o, v, e, U——I love u. I Love U.

备注: 想跟一个理科生表白, 真的是好难啊.

——本文作者就读于文藻外语大学英国语文系

本文作者方建毅是一个具有理科背景的文科大学二年级学生. 以下摘录他的创作理念, 借以了解作者如何进行创作:

> 故事源于创作, 创作源于生活, 除非是天马行空的奇幻故事, 大多数的创作都是由生活中见到的, 听到的, 看到的, 真正经历的种种所构成的. 文以载数, 顾名思义, 其实里面真正体现的是把数学如何巧妙地运用在文章中, 而不是如何绞尽脑汁地去生搬硬套烦琐的数学公式和定理拼凑成文章. 所以还应当以文章为主, 把情感融入文章后平滑而又不显拖沓地写入一些数学知识, 可能这样才会得到一些高分吧.
>
> 至于自己如何写这篇文章的, 是因为自己曾经有一段比较刻骨铭心的异地恋, 虽然最终以失败告终, 但带给自己的记忆不可抹去, 便有感而发借此机会写了这篇散文.

综合上述作品与创作者的创作理念, 我们发现一篇完整的数学诗文里, 我们会在数学中见到文学, 在文学中看到数学, 在连接后感受到诗文心意. 故, 数学诗文会有三个元素: 数学、文字、叙事. "数学" 是作品载入的数学知识, 可以是数学符号、函数、方程式、语句等. "文字" 是作品中的文字表达. "叙事" 是因数学与文字连接而产生的数学叙事内容, 叙事的产生可以来自四个面向: 作品, 作者, 宇宙, 读者, 如同文学家 Meyer Abrams 所提到的文学评析四要素 [7]. 作品指的是数学诗文本身, 如作品究竟是属于数学文学化, 还是文学数学化; 作者为数学诗文作品的创作者; 宇宙是指蕴含作品的场域, 也是作者灵感的泉源; 读者泛指阅读作品者, 也是数学诗文的欣赏者. 同时具有数学与文学成分的数学诗文中, 究竟数学与文学的比例要如何分配? 答案在叙事. 作品的叙事越明确, 数学诗文的归属就会越清楚. 以理科生情书为例, 作品的男生告白篇是文学数学化, 女生表白篇是数学文学化, 故前者偏文学, 后者偏数学. 作品的作者是具理科背景的文科学生, 可熟练运用数学与文字, 故可看出作者想透过文字的运用来展现多样数学知识的企图. 创作源头的宇宙, 因来自作者本身的生活经验, 故作品产生的意象十分丰富, 情感表达真切, 主题明确清楚. 另外, 因为作品是参加竞赛的学生作品, 故也会考量读者是以学校机构的评审、老师与学生为主. 所以, 有明确的叙事会让作品有归向, 也易于创作者去创作, 更可帮助人们去了解一篇数学文学作品在数学与文学中的定位.

数学诗文的本质是文学, 不论作品是文学数学化或是数学文学化. 当创作者将抽象的数学形塑成文字, 就已呈现沟通本质, 寻求理解的意味 [8]. 而从学生创作的数学诗文作品来看, 其呈现出不只有数学学习, 还有写作能力, 乃至心理面向等不同层面都值得探究. 另外, 好的数学诗文作品会有“理有所依, 情有所达, 心有所归”的文学意涵. “理有所依”是指内容要有论理依据的数学, 也就是当数学概念形塑成文字后, 数学概念依然要正确. 以理科生情书的男生表白篇来看, 作者在文章第一段引用了数学知识空集合来进行表白, 空集合是指没有包含任何元素的集合, 其符号为 $\varnothing$. 从文章铺成, 我们看到作者用拟人法把自己比拟成没有感情的零, 因被丘比特的箭射中而有了心, 先借着空集合“形”表达出萌生的爱意, 再依着空集合的数学定义转化成文字表达, 而有“我也变为包含不了任何东西的空集”. 这种将数学概念形塑成文字后, 数学的真依然存在且可很自然地融入文句中, 这就是谓“理有所依”. “情有所达”是指内容要有能传达情感的文字, 也就是当文字内容放入定义鲜明的数学后, 情感依然可以被文字传达, 如文中作者表示因为心中有对方, “我也变为包含不了任何东西的空集”, 此文字说明空集合的数学概念, 也有向对方传达出爱情里的专一与容不下其他人的意涵. “心有所归”是指内容要有清楚归属的叙事, 例如作品是着重在数学知识的数学文学化叙事, 还是强调文学欣赏的文学数学化叙事, 叙事归属在了解作品的心意与目的, 以达到在数学叙事里将数学与叙事融为一体的境界 [9]. 故, 不同于一般文学创作, 数学诗文会融入数学的真, 文字的美, 叙事的善, 让文学创作多了新意象、新味道.

文学之于数学的意义

对很多人来说, 数学可能只是日常生活的计算工具, 没温度, 是由生冷抽象的符号、算式、定理所堆砌起来的世界. 其实, 数学中的每一个符号、算式、定理, 都是帮助人们理解与探索这个世界才存在, 是一个用来帮助人们进行探索世界的沟通工具, 这也是数学存在的原因. 只是, 面对世界的变化无穷, 人们的生命有限, 故拥有创新的心灵与高度的想象力对数学是很重要的, 而这也是文学的特质.

文学之于数学的意义是什么? 证明偏微分方程解存在唯一性的 Cauchy-Kovalevskaya 定理的俄国数学家 Sofia Kovalevskaya (1850—1891), 本身也是一个文学家, 她在与友人的信中这样写道 [10]:

> “我理解你对我能同时在数学和文学方面进行工作而感到惊奇. 许多从来没有机会更多地探索数学的人们把数学与算术混为一谈, 并且认为它是一门枯燥乏味的科学. 但事实上, 它是一门需要最为丰富的想象力的科学. 一位 19 世纪最杰出的数学家曾经完全正确地说, 没有诗人的心灵是不可能成为一位数学家的. 对我来说, 诗人只是感知了一般人所没有感知到的东西, 他们看得也比一般人更深刻. 其实数学家所做的不是同样的事吗? 拿我自己来说

> 吧! 我这一辈子始终无法决定到底更偏好数学呢, 还是更偏好文学. 每当我的心智为纯抽象的玄思所苦, 我的大脑就会立即偏向人生经验的省察, 偏向一些美好的文艺作品; 反之, 当生活中的每一件事令我感到无聊且提不起劲来时, 只有科学上那些永恒不朽的法则才能吸引我. 如果我集中精力于一门专业, 我很可能会在这一专业上做出更多的工作, 但我就是不能放弃其中的任何一门. ” (192 页)

在信中, Kovalevskaya 提到她的老师 Weierstrass 所说的, 数学家需要有诗人的心灵. 文学是她陷于抽象纯数学研究之苦时, 会需要对人生经验省察时的调剂; 此外, 每当她感觉生活乏味时, 她便会投向吸引她的数学研究, 故文学与数学对她而言很难只专为其一. 相对于无法割舍文学与数学的 Kovalevskaya, 被誉为诗人数学家的丘成桐则表示文学与数学虽表现方式不同, 但都在想寻求完美化, 而自古以来隽永的文学创作, 往往来自作者的情不自禁, 而非刻意为文, 于是有 “绝妙好文, 冲笔而出” 的冲动 [11]. 而这样的情不自禁, 也反映在当丘教授证明了可使 Kähler-Einstein 度量观得以存在的 “卡拉比猜想” 时, 内心涌现 “落花人独立, 微雨燕双飞” 的情感中 [12], 有异曲同工之妙. 故, 文学之于数学的意义: 文学透过文字的力量, 让数学在符号的禁锢中, 把真挚情感纾解出来; 文学提供诗歌的意境, 让数学在抽象的玄思里, 找到得以寄托至情至爱的地方.

结语

数学诗文是透过文字创作来传递数学知识的叙事, 让人们可以借由感性文字了解理性数学, 让生活与数学连接, 也是一种数学沟通的方式. 打动人心的数学诗文可以让人们同时看见数学的真、体会文字的美、感受叙事的善. 但, 数学诗文创作不能取代数学学习, 数学学习仍需按部就班, 多接触文学、历史, 除了可以帮助人们拓展思路, 亦可加深对数学的理解. 在文以载数创作奖作品中, 我们看到学生把内心的渴望, 在数学中找到不模糊、可依靠的数学概念, 而利用文字将情感呈现. 技专院校学生或许学不到很高深的数学知识, 但在数学诗文创作中, 他们一样可以依着所学的数学, 传达情感, 让不确定的心找到归属, 而形塑出一个数理人文世界. 故, 我们期许数学诗文让人们看到数学可以有人文面向, 有着人文的关怀; 我们更期待数学诗文启发人们另一种做数学的方式, 也就是可以透过数学诗文去证明存在一个 “理有所依、情有所达、心有所归” 的人文数学世界, 进而发现: 数学, 如诗般荡漾美丽!

参考文献

[1] R. P. Feynman, You're Joking, Mr. Feynman! (Adventures of a Curious Character), W. W. Norton & Co Inc., 1985.

[2] M. Reiner, The Deborah number, Phys. Today, 17, 62, 1964.

[3] R. J. Poole, The Deborah and numbers, The British Society of Rheology, Rheology Bulletin, 53(2), 32–39, 2012.

[4] 陈东贤、刘柏宏, 理性数学与感性文学的协奏曲, 阅来越智慧, 沧海出版社, 260–289, 2018.

[5] 郑羽彤, 抛物线, 数学传播季刊, 41, 95, 2017.

[6] 张慈珊、李雪甄, 文学与数学的一场对话, 数学传播季刊, 43, 84–93, 2019.

[7] M. H. Abrams, The Mirror and the Lamp: Romantic Theory and the Critical Tradition, Oxford University Press, 1953.

[8] B. Freeman, K. N. Higgins, M. Horney, How students communicate mathematical ideas: An examination of multimodal writing using digital technologies, Contemporary Educational Technology, 7, 281–313, 2016.

[9] 洪万生, 少女也爱上数学, 数理人文, 2, 94–100, 2014.

[10] E. M. Byrne, Women in Science: The Snark Syndrome, Taylor & Francis, 1993.

[11] 丘成桐, 数理与人文, 数学传播季刊, 41, 14–16, 2017.

[12] 刘克峰, 丘成桐与卡拉比猜想 60 年——谨以此文献给丘成桐教授荣获菲尔兹奖 30 周年, 数学与人文, 14, 32–37, 2014.

祝英台近·七十感怀

丘成桐

念雄图，谋远翥，年少阆风驻. 独上高楼，望尽天涯路.
敢窥造物初心，奇文出世. 且由他、燕惊莺妒.
几寒暑！跨海经理筹林，而今业初举. 七十知天，七十子相聚.
忆从游乐千般，匆匆如许. 又试问、道将何去？

阆风，仙山名，借指伯克利.《离骚》：“登阆风而绁马.”

二〇一九年七月

忆江南·游徐州古彭城与沛县有感

丘成桐

扛鼎气，
还在故城中.
想得红旗归沛县，
大风高唱楚声浓，
千古说英雄.

二〇一三年八月十四日

词五首

严加安

卜算子·咏山兰

山谷有幽兰，孤寂无人顾.
已是初春二月天，花蕾方羞露.
夏日自风华，不惹群芳妒.
纵使秋寒碧叶黄，馥郁香如故.

卜算子·登北固山

北固话英雄，名寺夸甘露.
吴蜀联姻假作真，险被周郎误.
远眺见金山，难觅江舟渡.
往昔千帆古渡头，嬗变休闲处.

卜算子·秋兴

秋日去登高，揽秀金秋色.
平野长空共尽头，墨韵诗情溢.
天阔任挥毫，只待神来笔.
鸿雁飞书大字人，世上谁能匹?

青玉案·桑榆非晚

秋风送爽香盈路，桂花落，迎风舞. 杨柳依依闲漫步.
两三知友，吟诗琢句，尽享流连处.
夕阳斜照花千树，满目霞光映天幕. 莫叹年华余几许，
桑榆非晚，命非朝露，自有黄昏趣.

望海潮·忆少年

古稀之际，飞翔思绪，常浮年少寒窗. 私塾老师，神情肃穆，课堂字句铿锵.
训诂解迷茫. 诵李杜经典，萦梦诗唐. 研墨挥毫，临摹颜柳字端方.
六年中学韶光，悟人生境界，道德文章. 偏爱语文，痴迷数学，试图改化圆方.
矢志不彷徨，各科勤修炼，成绩风光. 所学虽然淡出，素养驻心房.

数学的第二人称

李方

你觉得
这是个热闹的世界
量子纠缠　第六感对话不再是科幻?
微信暧昧　人们是否久已忘记孤独?

你发现
腰缠万贯　不再是财富的象征
万能互联网
无限膨胀了 CEO 们的心

你站在
高高的远处
一个角落　像个旁观者
你没法离开也没法靠近

你寻找
你的确切位置　但无法定位
你既不贫穷　也不富裕
你的所有　既不在银行也不在网络

你喜欢
独坐于深秋的西子湖畔
萧萧而下的梧桐叶之中
幻如弘一师七十年前的坐化

你谛听
遥远的欧几里得讲坛的钟声

仿佛叙说　人的骄傲——
是否只多于甲虫的一维自由?

忘却时空和周遭的繁杂
却总纠结于
如何解析四元数的灵魂
哈密顿那一晚究竟梦见了什么[1]?

还有笛卡儿之梦[2]
还有伽罗瓦决斗的前夜[3]
你相信, 那是一个疯狂的夜晚
天才的思想冲出了人类的边界

假如牛顿和莱氏, 共享了微积分的专利[4]
假如高斯和柯西, 高价待售伟大的灵感
你怀疑　如今的世界
是否还是如今的世界?

你想起
炎热夏季里
南开园中凝固的激情[5]
看见了丛之树的无限延伸[6]

你留下
暮色中斜长的背影
尚未衰老　但步履蹒跚
凝视中　一个影子飘离

你有一扇窗
面朝校园生机勃勃
年轻的脸
是冬天的绿叶

二〇一七年十月十七日于老和山下, 十一月七日修改

注释:

1. 哈密顿说他是在梦中获得灵感构思出了重要的四元数代数的结构.
2. 传说是梦中的闪电启示了笛卡儿发明坐标系.
3. 伽罗瓦在与情敌决斗的前夜, 总结了他被后人称为伽罗瓦理论的重要思想, 成为后世群论思想的缘起之作.
4. 牛顿和莱布尼茨关于微积分发明的优先权之争, 是科学史上最著名的公案之一.
5. 2017 年 7 月 10—13 日, 在南开大学举办了 "International workshop on cluster algebras and related topics", 与国内外代数学家同行有愉快的、卓有成效的讨论和交流.
6. "丛" 是丛代数 (cluster algebra) 中特有的变量集概念, 并可放置于图论中的正则树顶点之上, 故有此说.

数学咏史诗四首

欧阳维诚

七 桥 问 题

七座桥连四地间, 游踪踏遍不重难.
欧拉笔下开生面, 数学新枝出笑谈.

费尔马大定理

勾股方程众口传, 可容指数再升迁?
谁知天地书中小, 留困人间数百年!

徐光启译几何原本

欲借金针度与人, 几何原本案头新.
上资无用中才用, 全在吾身缜密心.

徐光启 (1562—1633) 在数学方面的突出贡献是与利玛窦共同翻译了欧几里得的《几何原本》前 6 卷. 这是在中国引进西方数学的创举. 他创造的许多汉文专用数学术语, 至今仍在沿用. 徐光启非常重视几何学的教育作用. 他写道: "人具上资而意理疏莽, 即上资无用, 人具中才而心思缜密, 则中才有用, 能通几何学之道, 其于缜密甚矣. " 金元之际的学者元好问诗云: "鸳鸯绣出从君看, 莫把金针度与人. " 徐光启把这两句诗改为 "金针度去从君用, 未把鸳鸯绣与人. " 他主张把针线交给学生并告诉他们用法, 而不是帮学生绣好鸳鸯.

古阿拉伯数学译丛

盛代希腊文化隆, 阿拉伯语译丛工.
天旋地转沧桑变, 继绝存亡反向东.

阿拉伯人在建立起强大的国家后, 很快就关心起文化和科学来. 很多杰出的科学家被召到巴格达, 把许许多多希腊及印度的天文学、数学、医学著作译成阿拉伯文. 不少文献被重新校订、勘误、增补和注解. 第四代国家首脑哈里发创立了一个名为 "智慧馆" 的学术机构, 这里云集了来自不同地区的学者和翻译家, 大量收集和翻译包括欧几里得、阿基米德、阿波罗尼斯、海伦、托勒密和丢番图等人的数学著作, 使大量希腊科学文献得以保存, 后来希腊原著大多散佚, 欧洲人是在阿拉伯人那里又重新发现古希腊学术的.

新疆行

肖杰

刚到新疆，就随队赴北疆，访卡纳斯湖，新奇兴奋莫名；友人有诗，余非捷才，回京数周后结以下字.

一点漂移天地间，始信万里巡朔边.
风传雅丹鬼神在，眼见海枯化乌田.
五彩灵水映落日，不夜边城照孤烟.
又上高原四百旋，更是广漠草连天.
高峡平湖一镜出，三湾双脚月已偏.
观台一望森林阔，遥遥雪山伴日眠.
毡房奶酒未伤唇，长调人舞已笑颠.
地北天涯知广大，愿舍京华换余年.

二〇一四年八月十二日

科学素养丛书

书号	书名	著译者
9787040295849	数学与人文	丘成桐 等 主编，姚恩瑜 副主编
9787040296235	传奇数学家华罗庚	丘成桐 等 主编，冯克勤 副主编
9787040314908	陈省身与几何学的发展	丘成桐 等 主编，王善平 副主编
9787040322866	女性与数学	丘成桐 等 主编，李文林 副主编
9787040322859	数学与教育	丘成桐 等 主编，张英伯 副主编
9787040345346	数学无处不在	丘成桐 等 主编，李方 副主编
9787040341492	魅力数学	丘成桐 等 主编，李文林 副主编
9787040343045	数学与求学	丘成桐 等 主编，张英伯 副主编
9787040351514	回望数学	丘成桐 等 主编，李方 副主编
9787040380354	数学前沿	丘成桐 等 主编，曲安京 副主编
9787040382303	好的数学	丘成桐 等 主编，曲安京 副主编
9787040294842	百年数学	丘成桐 等 主编，李文林 副主编
9787040391305	数学与对称	丘成桐 等 主编，王善平 副主编
9787040412215	数学与科学	丘成桐 等 主编，张顺燕 副主编
9787040412222	与数学大师面对面	丘成桐 等 主编，徐浩 副主编
9787040422429	数学与生活	丘成桐 等 主编，徐浩 副主编
9787040428124	数学的艺术	丘成桐 等 主编，李方 副主编
9787040428315	数学的应用	丘成桐 等 主编，姚恩瑜 副主编
9787040453652	丘成桐的数学人生	丘成桐 等 主编，徐浩 副主编
9787040449969	数学的教与学	丘成桐 等 主编，张英伯 副主编
9787040465051	数学百草园	丘成桐 等 主编，杨静 副主编
9787040487374	数学竞赛和数学研究	丘成桐 等 主编，熊斌 副主编
9787040495171	数学群星璀璨	丘成桐 等 主编，王善平 副主编
9787040497441	改革开放前后的中外数学交流	丘成桐 等 主编，李方 副主编
9787040504613	百年广义相对论	丘成桐 等 主编，刘润球 副主编
9787040507133	霍金与黑洞探索	丘成桐 等 主编，王善平 副主编
9787040514469	卡拉比与丘成桐	丘成桐 等 主编，王善平 副主编
9787040521542	数学游戏和数学谜题	丘成桐 等 主编，李建华 副主编
9787040523409	数学飞鸟	丘成桐 等 主编，王善平 副主编
9787040529081	数学随想	丘成桐 等 主编，王善平 副主编
9787040558067	数学与物理	丘成桐 等 主编，王善平 副主编
9787040565638	中外数学教育纵横谈	丘成桐 等 主编，张英伯 张顺燕 副主编
9787040586619	数学历史	丘成桐 等 主编，王善平 副主编
9787040351675	Klein 数学讲座	F. 克莱因 著，陈光还 译，徐佩 校
9787040351828	Littlewood 数学随笔集	J. E. 李特尔伍德 著，李培廉 译
9787040339956	直观几何（上册）	D. 希尔伯特 等著，王联芳 译，江泽涵 校

续表

书号	书名	著译者
9787040339949	直观几何（下册）	D. 希尔伯特 等著，王联芳、齐民友译
9787040367591	惠更斯与巴罗，牛顿与胡克 —— 数学分析与突变理论的起步，从渐伸线到准晶体	B. И. 阿诺尔德 著，李培廉 译
9787040351750	生命 艺术 几何	M. 吉卡 著，盛立人 译
9787040378207	关于概率的哲学随笔	P. S. 拉普拉斯 著，龚光鲁、钱敏平 译
9787040393606	代数基本概念	I. R. 沙法列维奇 著，李福安 译
9787040416756	圆与球	W. 布拉施克著，苏步青 译
9787040432374	数学的世界 I	J. R. 纽曼 编，王善平 李璐 译
9787040446401	数学的世界 II	J. R. 纽曼 编，李文林 等译
9787040436990	数学的世界 III	J. R. 纽曼 编，王耀东 等译
9787040498011	数学的世界 IV	J. R. 纽曼 编，王作勤 陈光还 译
9787040493641	数学的世界 V	J. R. 纽曼 编，李培廉 译
9787040499698	数学的世界 VI	J. R. 纽曼 编，涂泓 译 冯承天 译校
9787040450705	对称的观念在 19 世纪的演变：Klein 和 Lie	I. M. 亚格洛姆 著，赵振江 译
9787040454949	泛函分析史	J. 迪厄多内 著，曲安京、李亚亚 等译
9787040467468	Milnor 眼中的数学和数学家	J. 米尔诺 著，赵学志、熊金城 译
9787040502367	数学简史（第四版）	D. J. 斯特洛伊克 著，胡滨 译
9787040477764	数学欣赏（论数与形）	H. 拉德马赫、O. 特普利茨 著，左平 译
9787040488074	数学杂谈	高木贞治 著，高明芝 译
9787040499292	Langlands 纲领和他的数学世界	R. 朗兰兹 著，季理真 选文 黎景辉 等译
9787040312089	数学及其历史	John Stillwell 著，袁向东、冯绪宁 译
9787040444094	数学天书中的证明（第五版）	Martin Aigner 等著，冯荣权 等译
9787040305302	解码者：数学探秘之旅	Jean F. Dars 等著，李锋 译
9787040292138	数论：从汉穆拉比到勒让德的历史导引	A. Weil 著，胥鸣伟 译
9787040288865	数学在 19 世纪的发展（第一卷）	F. Kelin 著，齐民友 译
9787040322842	数学在 19 世纪的发展（第二卷）	F. Kelin 著，李培廉 译
9787040173895	初等几何的著名问题	F. Kelin 著，沈一兵 译
9787040253825	著名几何问题及其解法：尺规作图的历史	B. Bold 著，郑元禄 译
9787040253832	趣味密码术与密写术	M. Gardner 著，王善平 译
9787040262308	莫斯科智力游戏：359 道数学趣味题	B. A. Kordemsky 著，叶其孝 译
9787040368932	数学之英文写作	汤涛、丁玖 著
9787040351484	智者的困惑 —— 混沌分形漫谈	丁玖 著
9787040479515	计数之乐	T. W. Körner 著，涂泓 译，冯承天 校译
9787040471748	来自德国的数学盛宴	Ehrhard Behrends 等著，邱予嘉 译
9787040483697	妙思统计（第四版）	Uri Bram 著，彭英之 译

购书网站：高教书城（www.hepmall.com.cn），高教天猫（gdjycbs.tmall.com），京东，当当，微店

其他订购办法：

各使用单位可向高等教育出版社电子商务部汇款订购。书款通过银行转账，支付成功后请将购买信息发邮件或传真，以便及时发货。购书免邮费，发票随书寄出（大批量订购图书，发票随后寄出）。

单位地址：北京西城区德外大街4号
电　　话：010-58581118
传　　真：010-58581113
电子邮箱：gjdzfwb@pub.hep.cn

通过银行转账：

户　　名：高等教育出版社有限公司
开 户 行：交通银行北京马甸支行
银行账号：110060437018010037603

图书在版编目（CIP）数据

数学历史 / 丘成桐, 杨乐主编. -- 北京: 高等教育出版社, 2022. 12
（数学与人文）
ISBN 978-7-04-058661-9

Ⅰ. ①数… Ⅱ. ①丘… ②杨… Ⅲ. ①数学史-普及读物 Ⅳ. ①O11-49

中国版本图书馆 CIP 数据核字（2022）第 079766 号

策划编辑 李华英
责任编辑 李华英 和 静
封面设计 李沛蓉
版式设计 徐艳妮
责任校对 高 歌
责任印制 刘思涵

出版发行 高等教育出版社
社 址 北京市西城区德外大街 4 号
邮政编码 100120
购书热线 010-58581118
咨询电话 400-810-0598
网 址 http://www.hep.edu.cn
http://www.hep.com.cn
网上订购 http://www.hepmall.com.cn
http://www.hepmall.com
http://www.hepmall.cn
印 刷 北京汇林印务有限公司
开 本 787mm × 1092mm 1/16
印 张 10
字 数 180 千字
版 次 2022 年 12 月第 1 版
印 次 2022 年 12 月第 1 次印刷
定 价 39.00 元

物 料 号 58661-00